DAOJIA SIXIANG YU JIANZHU WENHUA 100 JIANG

道家思想与建筑文化100讲

付 远 著

中国建材工业出版社

图书在版编目(CIP)数据

道家思想与建筑文化100讲/付远著. —北京:中
国建材工业出版社,2015.2(2019.3 重印)
ISBN 978 - 7 - 5160 - 0952 - 9

Ⅰ.①道… Ⅱ.①付… Ⅲ.①道家思想-影响-建筑
-文化-中国 Ⅳ.①TU-092

中国版本图书馆 CIP 数据核字(2014)第 194057 号

内容简介

　　道家思想以其深邃的世界观,在让我们领悟人生时,还影响到社会生
活的衣食住行。道家提倡与自然和谐相处,道家主张的"道"是指天地万
物的本质及其自然发展的规律。自然界万物处于永恒的变化之中,"道"
即是根本的法则。《道德经》中说:"人法地,地法天,天法道,道法自
然",就是关于"道"的阐述。人们耳熟能详的"清静无为、返璞归真、
顺应自然"是道家养生的观点。人的生命活动只有符合自然规律,才能够
健康长寿。道家思想在漫长的历史进程中也构成了中华民族建筑文化的
骨架。"上善若水、得意妄言、宁静致远、大器晚成、大巧若拙、见素抱
朴、知雄守雌、洞天福地、移天缩地"的思想深深地影响着建筑文化观。

道家思想与建筑文化100讲

付　远　著

出版发行:中国建材工业出版社
地　　址:北京市海淀区三里河路 1 号
邮　　编:100044
经　　销:全国各地新华书店
印　　刷:北京雁林吉兆印刷有限公司
开　　本:710mm×1000mm　1/16
印　　张:13.25
字　　数:258 千字
版　　次:2015 年 2 月第 1 版
印　　次:2019 年 3 月第 2 次
定　　价:49.80 元

本社网址:**www. jccbs. com. cn**　　公众微信号:**zgjcgycbs**
本书如出现印装质量问题,由我社发行部负责调换。联系电话:(010)88386906

前　言

　　道的诞生让古老的中国大地上出现了一抹理性的光芒，这是东方文明在思想文化上的一次觉醒。道家思想的本质是"推天道以明人事"，古人根据自然现象推导出有益于人类生存的行为规范。道家思想的魅力在于"天人合一"，天是指"天道"，天道就是宇宙运动的规律，先民把人类的生存环境同自然、宇宙的发展变化相结合，表达了顺应自然的核心思想。

　　有的人误将风水学与算命混为一谈，这是因为算命的逻辑起点也是"推天道以明人事"。"算命先生"根据主顾的生辰八字进行推演，生辰八字是指人出生的年、月、日、时，按天干和地支排列，通过四柱五行、六爻八卦、奇门遁甲对每个人运程做出判断。然而世界是多样的，用生辰八字的唯一性对应世界的多样性就会让人茫然。《易经》是预测学的圣经，"易"字是"易变"的意思，就是说人世多变、世事弄人。"算命"的目的在于人要认识自己、防微杜渐、遵从天道。古人在遵循天道的路上犯过"形而上"的错误，帝王痴心妄想象天法地，百姓盲目追求八宅风水。有的"风水大师"利用人们改变运程的诉求兜售所谓的"镇物"，这种做法好比刻舟求剑、缘木求鱼。

　　风水学也称堪舆学，是与建筑有着密切联系的学科。风水在选择自然环境、规划建筑房屋时用"天人合一"的建筑语言表达中国人的生存意识观。现代风水学汲取道家思想之精髓，将"天人合一"发展为"以人为本"，目的在于创造适宜的人居环境。本书从古今城市规划、传统特色民居、当代标志性建筑、住宅区规划、园林景观以及公共建筑（包括：行政办公、银行、商业、写字楼、酒店、养老院）的建筑设计规划入手，试图揭示道家思想与风水文化对现代生活的影响。

作者　付远

2014年　立秋

目　　录

第一篇　道家思想与建筑文化　1

第1讲　紫气东来——比喻祥瑞从天而降/2

第2讲　五德终始——影响建筑的色彩观/4

第3讲　东方文明——牛与道家的不解之缘/6

第4讲　驾鹤西游——黄鹤楼的千古传奇/8

第5讲　万乘独尊——武当金殿的皇权思想/10

第6讲　堪舆之道——中华建筑文化之魂/12

第7讲　道家八宝——建筑装饰的吉祥纹样/14

第8讲　气运图谶——最早的环境科学理论/16

第9讲　神秘符板——隐匿于太和殿屋顶/18

第10讲　山岳崇拜——高台建筑与山形建筑/20

第二篇　皇城布局与城市规划　21

第11讲　天地交泰——阴阳和谐的皇城规划/22

第12讲　五位四灵——神兽守护的城门/24

第13讲　象天设都——仿效宇宙 规划城池/26

第14讲　九五之尊——建筑规划的数字玄机/28

第15讲　卦象布局——拘泥形式 得不偿失/30

第16讲　寻龙觅砂——龙脉与城市风水/32

第17讲　上善若水——打造"八水润长安"/34

第18讲　八卦古城——入选吉尼斯纪录/36

第19讲　小国寡民——人文尺度的城市/38

第20讲　九宫格局——打破雷同的城市布局/40

第三篇　传统民居与特色村落　41

第21讲　藏风聚气——土楼演绎太极文化/42

第22讲　虚极静笃——从窑洞到掩土建筑/44

第23讲　五岳朝天——徽州民居的独特韵律/46

第24讲　坎宅巽门——四合院大门的讲究/48

第25讲　清静无为——院落文化与隐居思想/50

第26讲　八卦古村——迷宫布阵保平安/52

第27讲　身国互喻——宏村的牛形图腾/54

第28讲　见素抱朴——水墨风格的东方民居/56

第29讲　依水而居——风水文化 中西推崇/58

第30讲　神仙居所——与世隔绝的山里人家/60

第四篇　标志建筑与个性建筑　61

第31讲　意境之道——上海环球金融大厦/62

第32讲 大巧如拙——香港地标的诞生/64

第33讲 风水轮转——东方明珠广播电视塔/66

第34讲 少就是多——东方之冠 言简意赅/68

第35讲 观形察势——门形建筑要注意尺度/70

第36讲 高不胜寒——奥运双塔 终被取消/72

第37讲 长生不老——福禄寿星大酒店/74

第38讲 以柔克刚——金茂大厦抗震法宝/76

第39讲 盖天学说——方圆大厦 取象于钱/78

第40讲 寄直于曲——中央电视台的震撼/80

第五篇 住宅规划与住宅设计 81

第41讲 高台近仙——台阶提升住宅气势/82

第42讲 影壁萧墙——现代消防的奠基石/84

第43讲 洞天福地——封闭住宅区的特色/86

第44讲 曲径通幽——尽端式的道路设计/88

第45讲 南面之术——住宅朝向的渊源/90

第46讲 太极空间——居住区要有归属感/92

第47讲 玄同世界——风水形煞的实质/94

第48讲 守中致和——Town house的风水/96

第49讲 阴阳平衡——"过白"与日照间距/98

第50讲 以人为本——天人合一的终结/100

第六篇 景观设计与园林建筑 101

第51讲 一池三山——园林中的道教痕迹/102

第52讲 九宫八卦——圆明园的风水布局/104

第53讲 群仙荟萃——道教特征的八卦亭/106

第54讲 曲水流觞——暗示人生不是坦途/108

第55讲 遁世归隐——逍遥思想与园林山水/110

第56讲 惟恍惟惚——意境美是核心追求/112

第57讲 峰回路转——登名山大川启迪人生/114

第58讲 培龙补砂——叠山理水的堪舆表达/116

第59讲 有无相因——园林的空间观/118

第60讲 合德之术——八大"道术"手法/120

第七篇 公共建筑与学校建筑 121

第61讲 五行相生——生生不息的奥运场馆/122

第62讲 大方无隅——国家大剧院的造型/124

第63讲 周庄梦蝶——演绎梦醒的影剧院/126

第64讲 善工助运——元宝造型的银行设计/128

第65讲 天上人间——北京西站古亭浮想/130

第66讲 虚极静笃——道家风格主题酒店/132

第67讲 点石成金——开启智慧的学校建筑/134

第68讲 知白守黑——玻璃幕墙少建为宜/136

第69讲 五行五色——华夏民族的吉祥色彩/138

第70讲 创造祥瑞——"雷人"建筑惹争端/140

第八篇 商业建筑与商城定位 141

第71讲 太极无边——商厦大门有讲究/142

第72讲 抽水上堂——拉气入穴 财源滚滚/144

第73讲 变换门厅——扩大气口 利于经营/146

第74讲 八卦迷阵——沈阳特色商业城/148

第75讲 知鱼之乐——天津劝业场的成功/150

第76讲 明道若昧——商业街的"魂与味"/152

第77讲 乘气而生——风水宝地的风水问题/154

第78讲 移天缩地——世界公园 一天逛世界/156

第79讲 流水不腐——养生会馆暗流涌动/158

第80讲 玄之又妙——茶道文化与茶城兴起/160

第九篇 办公建筑与养老建筑 161

第81讲 阴阳之道——行政建筑的阳刚之美/162

第82讲 知雄守雌——行政建筑要人性化/164

第83讲 为天下先——"白宫书记"成为笑柄/166

第84讲 道韵之楼——凝聚力量的建筑/168

第85讲 心怀乾坤——皇帝办公室的"靠山"/170

第86讲 虚以致静——养老院选址及定位/172

第87讲 松柏龟鹤——养老院的景观规划/174

第88讲 外丹理论——养老院的建筑意境/176

第89讲 道法自然——养老院的建筑设备/178

第90讲 形神相悖——八卦造型 弊大于利/180

第十篇 陵园建筑与纪念建筑 181

第91讲 依托龙脉——地宫偏角与争抢靠山/182

第92讲 万年吉壤——帝王陵园的选址规则/184

第93讲 天道承负——现代陵园规划设计/186

第94讲 远人近天——天子祭天的意境/188

第95讲 天地合德——天人合一的宇宙观/190

第96讲 泰山封禅——岱庙石刻 五岳独尊/192

第97讲 铲断龙脉——墓碑被砸 繁塔被毁/194

第98讲 松柏同春——纪念建筑的材料寓意/196

第99讲 器以象制——中华世纪坛的乾坤/198

第100讲 道不可言——文化遗产与道家思想/200

参考文献/201

后记/202

China Building Materials Press

我们提供

图书出版、图书广告宣传、企业/个人定向出版、设计业务、企业内刊等外包、代选代购图书、团体用书、会议、培训，其他深度合作等优质高效服务。

编辑部	宣传推广	出版咨询	图书销售	设计业务
010-68365565	010-68361706	010-68343948	010-88386906	010-68361706

邮箱：jccbs-zbs@163.com   网址：www.jccbs.com.cn

发展出版传媒　　服务经济建设

传播科技进步　　满足社会需求

第一篇
道家思想与建筑文化

1."紫气东来"这个词来自老子骑牛出函谷的典故，比喻祥瑞从天而来。

2."五德终始"虽然是穿凿附会，但是对建筑色彩产生了很大的影响。

3.马合乎入世进取的儒家风范，牛合乎逍遥隐忍的道家主旨，与道家有着不解之缘。

4.鹤是一种吉祥的动物，"驾鹤"这个词来自道教，崔颢的诗句与黄鹤楼的千古传奇。

5.金殿位于武当山天柱峰的顶端，是皇权和神权的象征，"雷火炼殿"是一大奇观。

6.左为青龙、右为白虎、前为朱雀、后为玄武，堪舆之道是中华建筑文化之魂。

7.北京白云观是道教圣地，游人到此纷纷抚摸"暗八仙"，领略道家八宝的神奇。

8.古建追求建筑布局要有祥瑞之气，以求交上好运，气运图谶是最早的规划学。

9."画符不知窍，反惹鬼神笑；画符若知窍，惊得鬼神叫。"道家符纸、符板的法力。

10."高台榭，美宫室，以鸣得意"，高台建筑由早期的山岳崇拜演变成权力的象征。

图1-1 颐和园内的"紫气东来"城关就是取老子出函谷关典故

第1讲 紫气东来——比喻祥瑞从天而降

在建筑的门楣上，人们常常可以看到"紫气东来"这样的题字。"紫气东来"说的是祥瑞之兆或珠光宝气自东而来，比喻祥瑞降临。由于它的美好含义，所以在我国民间，每逢春节来临之际，家家户户都喜欢把它作为春联横批贴在门框上。关于"紫气东来"有一个美丽的传说：老子很有学问，在周王朝担任主管图书典籍的官职。在他七十多岁的时候，天下大乱。老子就辞官不做，骑着一头青牛，离开了洛阳向西走去，开始了他的布道生涯。一个清晨，函谷关的关令尹喜突然看到东方紫气氤氲，便出关相迎，果然见一长须如雪、道骨仙风的老者，骑着青牛悠悠而来。尹喜把老子留下来，请他做篇文章再走，老子就写了一篇五千余字讲"道"和"德"的文章，后来人们把这篇文章叫《道德经》。

汉朝人刘向在《列仙传》中写道："老子西游，关令尹喜望见有紫气浮关，而老子果乘青牛而过也。"杜甫的《秋兴》诗曰："西望瑶池降王母，东来紫气满函关。"此处所说的"函关"是指函谷关，从这以后古人就把祥瑞之气称为紫气，传说中的仙人居住的地方称为紫海。颐和园作为皇家园林，以"移天缩地"

著称，在万寿山东麓两山峰之间有一个砖砌的城楼，南侧城额上刻有"紫气东来"四个字。

　　沈阳故宫建于1625年，从汗王努尔哈赤开始修筑。努尔哈赤死后，第二代汗王皇太极继续修建完成，包括大清门、崇政殿、凤凰楼等。崇政殿是皇太极日常临朝的地方，俗称"金銮殿"，是沈阳故宫最重要的建筑。崇政殿北面有一凤凰楼，三层建筑，是当时盛京城内最高的建筑物。凤凰楼建造在4米高的青砖台基上，三滴水歇山式屋顶，屋顶铺黄琉璃瓦、镶绿剪边，以这座楼命名的"凤楼晓日"是当时"盛京八景"之一。在沈阳故宫凤凰楼上悬挂着乾隆御笔"紫气东来"的匾额，让这座楼阁浸染上了浓郁的人文气息，古人在登楼远眺时，欣赏美景使人触景生情，祈福祥瑞的匾额成为中华建筑文化画龙点睛之笔。

　　老子故里鹿邑作为老子的诞生地，城市主题文化定位是"道家文化的发源地"。规划时在县城至太清宫的国道两侧各种植两米宽的紫色花木，从而形成的一条十华里长的紫色长廊，令人置身其间不禁想起老子"紫气东来"的故事。青羊宫位于四川省成都市西南郊，传说这里是老子转世的地方，在青羊宫内有一个八卦亭，亭子上方也挂有"紫气东来"的牌匾。

图1-2 青羊宫内八卦亭

邹衍是战国时期的齐国人，他把朝代更迭与五行相克穿凿附会，创造了"五德终始说"。邹衍认为，各个朝代的变换是按五行相克的顺序相继更替、周而复始。历史上每一个朝代都以一种"德"为基础，受这种"德"的支配，"德"有盛衰，朝代随之更迭。

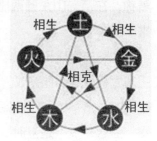

后来，历代皇朝最高的统治者常常自称"奉天承运皇帝"，所谓"承运"就是遵循着五德终始说的"德"运。邹衍认为"五德从所不胜，虞土、夏木、殷金、周火。"按照五行的说法：木克土、金克木、火克金、水克火、土克水。结合朝代就是：黄帝（土德）→夏（木德）→商（金德）→周（火德）→秦（水德）→汉（土德）。

秦始皇信奉邹衍的"五德终始说"，完成统一大业后建立中央集权国家，制定历法和建设宫室以水德相应。在历法上，十月、十一月和十二月为冬季，冬季五行属水，秦国就以每年的十月作为岁首，象征秦国肇始于水德，运数无穷。按照这个理论，黄帝属土色尚黄，夏朝属木色尚青，商代属金色尚白，周代属火色

第2讲 五德终始——影响建筑的色彩观

图2-1 北京西城区的娘娘庙

图 2-2 建筑彩绘

尚赤，秦朝属水色尚黑。秦的礼服旌旗、建筑装饰等都用黑色装饰。

紫禁城里藏书用的文渊阁，宫殿上的琉璃瓦是黑色的，黑色在五行中象征着水，水可以克火，目的就是为了防火。北京金融街有个娘娘庙，屋顶的四周是黑色琉璃瓦，也是运用五行进行色彩搭配。"五德终始说"从另一个角度促进了中国古代建筑色彩艺术的繁荣与发展。中国古建艺术在世界上独树一帜，色彩是中国古代建筑装饰中的主要特征之一，彩画的技艺更是历史悠久。建筑色彩与彩画起源于木料防护和建筑审美双重因素，中国劳动人民很早就认识到赤、青、黄三种颜色是三原色，用三原色互相调配可以产生各种间色和复合色，古人把青、赤、黄、白、黑称为"五色"。

这种符合"五行相生"的建筑色彩搭配规律在后代文献中也烙下了印迹，如刘勰《文心雕龙》中就指出"五色杂而成锦绣"的说法。历代工匠们受到"五行相生"的影响，运用色彩规律，使建筑整体的色彩搭配趋于明快匀称、协调有序，掌握了色彩对比、补色、明度和纯度的应用技巧，还能在色调上呈现出冷暖、明暗的层次感和对比度，建筑彩绘令人赏心悦目。"五德终始说"虽然是穿凿附会，但是对后世建筑色彩的影响非常深远。

图 3-1 颐和园昆明湖东堤的铜牛

第3讲 东方文明——牛与道家的不解之缘

清朝文渊阁《四库全书》记载："老子西游，关令尹喜望见有紫气浮关，而老子果乘青牛而过也。"在后人心目中，老子是一位乘青牛而隐逸的老者。牛、马都是当时用于牵车的牲畜，在神仙家的附会中，为什么要说老子乘牛而不是乘马出关呢？其中不无寓意。牛是一种性情温和、柔顺服从的动物，且有忍辱负重、坚忍不拔的特点。《易经》曰："天行健，君子以自强不息。地势坤，君子以厚德载物。"这是乾、坤两卦所体现的精神，也是我们中华民族的精神。汉代人以马来比喻乾卦，以牛来比喻坤卦，马合乎入世进取的儒家风范，牛则合乎逍遥隐忍的道家主旨。后世附会老子乘牛的神话时，之所以乘"青牛"而不是"黄牛"，因为古人五行观认为，"青"，主春，木德，代表东方。老子自周入秦，从东方而来，向西而行，后世人称"东方圣人"，用青色象征其东方之意，"青牛"象征着来自东方的文明使者。

在颐和园昆明湖东堤，有一处独特的景物，一头大小和真牛相仿的铜牛蜷卧在雕有波浪的青石座上。铜牛体态优美，两耳竖立，昂首凝眸，目光炯炯地遥望着颐和园的远山近水。乾隆皇帝在扩建了昆明湖后，铸造了这只铜牛，牛背上用篆文铸就了一篇《金牛铭》。文中写道："制寓刚戊，象取厚坤。"意思来自《易经》"地势坤，以厚德载物"，牛的形象与道家的不解之缘可见一斑。1989年，在山西永济市城西十五公里处，考古发现了四尊几十吨重的铁牛。经过考证，是盛唐时期蒲津渡口造桥时用铁牛的造型锚固桥梁铁链，这与唐朝推崇道教有关。出土的铁牛威武雄壮、形态逼真、工艺精湛，最大的重70多吨，小的也有30多吨。历经岁月荏苒，黄河河道迁移，铁牛铁人等被深埋于河泥中沉睡千余年。据考证，铸造铁牛用铁量占盛唐全国冶铁量的四分之一。

大唐帝国崇尚道教，公元626年，李渊正式颁布历史上著名的《先老后释诏》。在这道诏书中，李渊制定了道教为首，儒教次之，佛教为末的三教次序。因为李氏皇族拥有部分的鲜卑血统，李渊需要一个威望的汉人先祖来安抚天下的民心，以便维护新建帝国的统治。在李渊的巧妙布局下，老子成了大唐皇帝的先祖，道教成了帝国的第一宗教。据史料记载，唐玄宗李隆基在开元十二年，倾全国之力于蒲州城西门外黄河两岸各铸造铁牛四尊，牛旁各有一铁人，两边又用36根铁柱连接牛肚，架起了沟通秦晋两地的桥梁，成为连接长安与中原的纽带。

图 3-2 蒲津渡口的铁牛

鹤是一种吉祥的动物，古代人们常把鹤作为长寿的象征，鹤作为一种吉祥的灵鸟，更是与神仙相伴。"驾鹤"这个词语来自道教，说到"驾鹤"这个词，最有名的当属唐代诗人崔颢的诗《黄鹤楼》——"昔人已乘黄鹤去，此地空余黄鹤楼。黄鹤一去不复返，白云千载空悠悠"。此诗气韵高妙，堪称绝唱，相传李太白为之搁笔。关于黄鹤楼的得名，传说从前有位姓辛的人以卖酒为业。有一天，来了一位衣着褴褛的客人问辛氏："可以给我一杯酒喝吗？"辛氏不因对方衣着褴褛而有所怠慢，盛了一大杯酒奉上，如此过了半年，辛氏并不因为这位客人付不出酒钱而显露厌烦的神色，依然每天请这位客人喝酒。

　　有一天，客人告诉辛氏说："我欠了你很多酒钱，没法还你。"于是从篮子里拿出橘子皮，在墙上画了一只鹤，因为橘皮是黄色的，所画之鹤也呈黄色。座中人只要拍手歌唱，墙上的黄鹤便会随着歌声与节拍蹁跹起舞，酒店里的客人看到这种奇妙的事都付钱观赏。如此过了十年多，辛氏累积了很多财富。有一天那位客人又飘然来到酒店，接着便取出笛子吹了首曲子，刹那间朵朵白云从天而下，画上的黄鹤驾着白云飞到仙人面前，仙人便跨上鹤背，乘着白云飞上天去

第4讲　驾鹤西游——黄鹤楼的千古传奇

图 4-1 黄鹤楼

8

图4-2 "有亭翼然"写出了醉翁亭展翅凌云的气势

了，辛氏为了感谢及纪念这位客人，便用十年来赚下的银两在黄鹄矶上修建了一座楼阁，后来便称为"黄鹤楼"。

在民间还有吕洞宾跨鹤飞天传说。相传吕洞宾游玩了四川峨眉山后，打算去东海寻仙访友，他沿着长江顺流而下。这一天，来到了武昌城。这里的秀丽景色把他迷住了，他兴冲冲地登上了蛇山，站在山顶上举目一望，只见对岸的那座山好像是一只伏着的大龟，正伸着头吸吮江水；自己脚下的这座山，却像一条长蛇昂首注视着大龟的动静。吕洞宾心想，要是在这蛇头上再修一座高楼，站在上面观看四周远近的美景不是更妙吗，于是就请几位仙友来造出黄鹤楼，跨鹤飞天普度众生。

黄鹤楼5层，高度51.4米，建筑面积3000多平方米。72根圆柱拔地而起，雄浑稳健；60个翘角凌空舒展，恰似黄鹤腾飞。楼的屋面用10多万块黄色琉璃瓦覆盖。在蓝天白云的映衬下，黄鹤楼色彩绚丽，雄奇多姿。黄鹤楼的形制自创建以来，翻建时皆不相同，但都显得潇洒飘逸，极富动感。与岳阳楼、滕王阁相比，黄鹤楼的平面设计为四边套八边形，谓之"四面八方"，透露出凌云壮志的隐喻和象征。远观飞檐形如黄鹤，展翅欲飞，雄浑又不失精巧、富于变化。登楼远眺，不尽长江滚滚来，武汉三镇风光尽收眼底。

第5讲 万乘独尊——武当金殿的皇权思想

相传，朱元璋打天下的时候，有一次和元军交锋，全军覆没，他拼命逃到武当山下的一座小茅庵里，求里面的道士救命。道士说："救了你，追兵来烧了我的茅庵，我到哪里去住呢？"朱元璋说："以后我就赔你一座金殿。"于是道士让朱元璋站在柏树下，给他施了个隐身法。元军追来后找不到朱元璋，便放火烧了茅庵，朱元璋等元兵走远后，发现老人也不见了。朱元璋得了天下后，就命他的四儿子朱棣在武当山天柱峰上为真武神建了一座宏伟的金殿。自明朝永乐皇帝大修武当以来，武当最高峰顶的金殿就是皇权和神权的象征。武当山金殿位于武当山主峰天柱峰的顶端，采用最高规格的重檐庑殿顶。朱棣命名山顶金殿为"大岳太和宫"，意为天下太平之意。北京故宫太和殿原名"奉天殿"，即奉上天之意，北京奉天殿与武当山"大岳太和宫"寓意相同，寓示着"君权神授、江山稳固"的政治目的，体现了"万乘独尊"的皇权与神权思想。

金殿采用铜铸鎏金，重檐叠脊，翼角飞翘，殿脊装饰有仙人禽兽，造型生动逼真。武当山金殿由九种合金冶炼铸造，俗称九花铜，是中国现存元、明、清几座铸铜殿堂中最华丽、制作技艺最精的一座。殿内神像、几案、供器都是铜铸的，殿中供奉着真武帝君，着袍衬铠、披发跣足、丰姿魁伟，是武当山上最美的真武神像。这个金殿用铜20余万斤和几千两黄金制作而成，分件铸造，榫卯拼接，堪称中国古代建筑和铸造工艺中的一颗明珠。最为奇特的就是它本身是导电体，金殿经受多次雷击后，不仅毫无损伤，无痕无迹，反而其上的烟尘锈垢被烧去，雨水一洗，辉煌如初。这一奇观被称为"雷火炼殿"。因为金殿本身就是一座庞大的导电体，于是产生了这一奇观。武当山金殿的传奇让皇家铸造金殿之风延续，颐和园万寿山也建有金殿（铜亭）。

"钢筋铁骨"的国家体育场——"鸟巢"，它本身是金属结构，也构成了理想的"笼式避雷网"。自身钢结构就能接收闪电，为了防止雷击对人体的伤害，场馆内人能触摸到的钢结构上，都做了特殊处理，抵消了雷电对人的影响。同时，"鸟巢"内几乎所有的设备都与避雷网做了可靠连接，保证雷电来临的瞬间，能顺利将巨大电流导入地下，保证了场馆和人身安全。"鸟巢"的防雷设计并不神秘，原理与武当山金殿一样。"鸟巢"的钢结构就是一个巨大的接收闪电的装置，能把闪电迅速导入地下，与武当山的金殿有异曲同工之处。

图 5-2　"鸟巢"接闪示意图

老子说："道之为物，惟恍惟惚。惚兮恍兮，其中有象；恍兮惚兮，其中有物。"道家提倡与自然和谐相处，道家所主张的"道"，是指天地万物的本质及其自然循环的规律。自然界万物处于经常的运动变化之中，道即是其基本法则。《道德经》中说："人法地，地法天，天法道，道法自然"，就是关于"道"的具体阐述，人的活动只有符合自然规律，才能够使人与自然和谐。

"风水"一词最早见于晋代郭璞所著的《葬书》："葬者，乘生气也。气，乘风则散，界水则止。古人聚之使不散，行之使有止，故谓之风水。"风水是以"自然、平衡、和谐"的理念调整人与自然的关系。风水理论根基于天人合一观念，认为天地人是统一的整体，把《老子》名言"万物负阴而抱阳，冲气以为和"奉为经典，把"生乎万物"之气作为依据，风水堪舆的关键在于寻求"生气"、回避"邪气"。在风水师看来，环境的好坏在于其藏风聚气、五行生克、阴阳吉凶。从《阳宅十书》和《葬经》等古籍可知，不论阳宅还是阴宅，"五位四灵"为风水宝地，即"左为青龙，右为白虎，前为朱雀，后为玄武；玄武垂头，朱雀翔舞，青龙蜿蜒，白虎驯俯"。

第6讲 堪舆之道——中华建筑文化之魂

图6-1 住宅中的天井包含着藏风聚气的风水文化

图6-2 贵州西江千户苗寨依山傍水的居住环境

风水理想的居住模式

风水又称堪舆，或称卜宅、相宅、图宅、青乌、青囊，风水理论认为"藏风聚气"是利于生态的最佳风水格局，论谓："内气萌生，外气成形，内外相乘，风水自成"。阐明了微地形、小气候、生态和自然景观的依从关系。建筑是居于从属的地位，而以自然山水为建筑布局的主体。风水研究以天、地、人"三才"为核心，以阴阳五行思想及易经八卦为理论依据，以"理"、"数"、"气"、"形"为研究框架，以占天卜地为主要手段，演绎出关于建筑选址中的全面理论。传统的风水学在我国建筑选址、规划、设计、营造中几乎无所不在，它整合了我国古代道家思想、美学、地理、生态、景观诸方面的内涵，并包含着顺应自然的感悟，历经数千年不辍的发展，形成了风格独具的体系。

图7-1 北京白云观门洞上雕刻的"暗八仙"

第7讲 道家八宝——建筑装饰的吉祥纹样

八仙的传说起源很早，"八仙"是指铁拐李、汉钟离、张果老、蓝采和、何仙姑、吕洞宾、韩湘子、曹国舅这八位神仙人物。在中国历史上，有关八仙的文学艺术作品可谓比比皆是，甚至在旧时新娘出嫁所乘的轿子装饰以及印糕上，都可以看到形态各异、栩栩如生的八仙造型。明代出现的青花瓷瓶上有以西王母为中心的图案，其中也有八仙祝寿的场面。在民间，有一种颇为人们所喜爱的方桌叫"八仙桌"。凡此种种，说明八仙在人们心目中具有深刻影响。

"八仙过海"是道教掌故之一，其生动的记述见于明代吴元泰著作《东游记》。该书描写八位神仙人物好打抱不平、惩恶扬善，有一天，他们一起到了东海，只见潮头汹涌，巨浪惊人。吕洞宾建议各以一物投于水面，以显"神通"，诸位仙人都响应吕洞宾的建议，将随身法宝投于水面，然后立于法宝之上，乘风逐浪而去。后来，人们把这个掌故用来比喻那些依靠自己的特别能力在社会上施展才华的人。民间广为流传的道教八位神仙，分别代表着男、女、老、幼、富、贵、贫、贱；八仙所持的鱼鼓、宝剑、横笛、荷花、葫芦、团扇、阴阳板、花篮八物为"八宝"，代表八仙之品。文艺作品中以八仙过海、八仙献寿最为有名，西安市有八仙宫，内奉八仙神像。

"道家八宝"是指八仙手中的"八种宝器"，隐去八仙的人物形象，故又名"暗八仙"，具有吉祥寓意和装饰功能。张果老所持的鱼鼓，能占卜人生；吕洞宾所握的宝剑，可镇邪驱魔；韩湘子所吹的横笛，使万

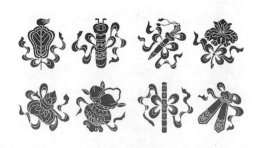

暗八仙

物滋生；何仙姑所拿的荷花，能修身养性；铁拐李所携的葫芦，可救济众生；汉钟离所摇的团扇，能起死回生；曹国舅所使的阴阳板，可净化环境；蓝采和所提的花篮，能广通神明。"暗八仙"宝器不仅用于道教建筑，在民居建筑中也喜用这"八宝"来装饰，以图"神仙庇佑，吉祥如意"。在道教文化里，一些宝器有驱邪避煞的法力，在风水学中称这些物品为"镇物"，常用的"镇物"有葫芦、宝镜、麒麟、乌龟等。按照心理学的观念，镇物对人有暗示的作用，对环境起到控制的作用。但是，有的人盲目夸大"镇物"的"法力"，以超出商品自身的价值兜售，就是别有用心了。

图7-2 紫禁城里的铜龟

武当山是位于中国的南方，南方五行为火，武当山的山峰就像一个熊熊燃烧的火焰，山顶火苗更高，故此，道家认为武当山地区火太盛。在这个火盛的地方要有一个水神镇压在山顶，水火既济才能阴阳协调。两千五百年前，老子的弟子尹喜看到武当山山势，指出天柱峰如"地轴之象"，"地轴"指的是龟，武当山命名"武当"源自"非玄武不足以当之"的说法，"玄武"在风水里是"神龟"。1994年，摄影师在武当山金顶周围航拍时，无意间拍到了一张从太和宫南面空中俯视天柱峰的照片，而整个天柱峰就像一只龟。人们不能理解的是，古人没有航拍技术，尹喜他怎么知道武当山的金顶就是一只龟的形状，也许是尹喜在无数次的攀爬中发现了这个惊人的秘密，于是在此开始了他的布道生涯。

古代人相信"气运图谶"之说，玄武神龟是传说中镇守武当的水神，尹喜发现了武当山的秘密。这就注定了武当山与中国道教相交相融的历史宿命，为这座看似普通的大山平添了几分不同凡响的仙气。道教称老子为最高神"太上老君"，尹喜被尊奉为护法神"玉清上相"。《道德经》也成为道士们课诵的经典，绵延八百里的武当山为无数香客所信奉。大明王朝三百年间，武当山被帝王

第8讲 气运图谶——最早的环境科学理论

图8-1 玄武帝造像

图 8-2 景山公园寿皇殿

将相顶礼膜拜，成为了名副其实的皇家道场。

"气运图谶"之说还包括，古人大凡兴工动土必察看地理形势，然后选择一个形神合一的环境，形神俱佳、以神守形、以形养神。《阳宅十书》中讲：若大形不善，纵内形得法，终不全吉。古人在制定建筑的形制时，无论建筑上的形、位，还是图案都要与之相配合，以求使用者借此而交上好运。"气运图谶"是最早的环境科学理论，在当今建筑规划设计时，总规划图设计科学，可以调节容积率、合理布置道路和建筑，利于疏散和消防。

1978年，中国空间技术研究院一位专家冲洗卫星照片时偶然发现，俯瞰北京景山公园的整体建筑群落，在紫禁城以北展现出一个神奇的图像，四周是方正的镜框，中间是一位老者的坐像，酷似一尊坐着的人像。在这张图上，景山公园的寿皇殿建筑群为"坐像"的头部，寿皇殿内部的建筑构成五官。寿皇殿位于景山公园的北面，垣墙呈方形，坐北朝南。门前正中有3个牌楼式拱券门，两侧各有1个旁门。大殿和宫门组成人像的眼、鼻、口。有人说这就是紫禁城中轴线上最北端的一座宫殿——钦安殿里供奉着被称作水神的玄武帝，这也许是古人"气运图谶"的一大杰作。

第9讲 神秘符板——隐匿于太和殿屋顶

太和殿曾是北京城最高的建筑，从庭院到正脊高36.57米，相当于12层楼房的高度。太和殿也是紫禁城中最大的建筑。太和殿与身后的中和殿、保和殿一起构成前朝的主体，人们习惯称之为三大殿。坐落在8米多高的汉白玉三台上的太和殿是紫禁城的核心，也是紫禁城整体建筑乐章的高潮部分。它的一切设计都为着一个目的，就是把至高无上的皇权烘托到极致。2004年故宫大修前，勘查人员进入到了太和殿的屋顶内部，在世界上最大的木质建筑的梁架下面。人们惊奇地发现了一个神秘的物品，它在太和殿顶部最中心的位置，位于藻井的正上方，这就是雍正皇帝命人安放在这里的符板。

收藏于第一历史档案馆的皇宫档案中发现了这样一段内容：雍正九年，八月十二日，雍正皇帝命人把三份符板分别安放在养心殿、太和殿和乾清宫。古代建筑中，安放符板是风水学中很讲究的一个内容，为的是镇宅、避邪、保佑平安。雍正皇帝在太和殿放置符板的举动，无疑明确了太和殿是紫禁城中最重要的地方，目的是祈求神灵来保佑他的平安。现在一些地方的人们在盖房时有个习惯，每逢在盖房架梁立柱时，要在中梁正中贴一个写有"太公在此，大吉大利"或者

"竖柱喜逢黄道日，上梁恰遇紫微星"的红帖，也是以此祈求平安。

道教的斋醮、祝咒、符镇同时流行于风水中，可以说风水符镇手法与道教的"符"同出一辙，都是将神力以"符号"的形式附在所要保护的物品之上。道家的符一般书写于黄色纸、黄帛上，符号、图形似字非字、似图非图的。箓指记录于诸符间的天神名讳秘文。道教声称，符箓是天神的文字，是传达天神意旨的符信，用它可以召神劾鬼，降妖镇魔，治病除灾。早期的五斗米道和太平道，就是以造作符书和以符水为人治病来吸引信徒创建组织的。

道教在长期宣扬符箓术的过程中，创造了纷繁的符箓道法，造作了众多的符书。所创符箓难以数计，符箓样式千奇百怪。创造方法有"复文"，"复文"是由两个以上小字组合而成，少数由多道横竖曲扭的笔画组合成形。道家术士在造作这些字时，或许曾赋予它们以某种意义，因常人难于认识，于是让人产生神秘感而崇信其术而已。灵符是由更为繁复的圈点线条构成的图形，这是使用最广的一种符箓，其中除屈曲笔画外，又常夹有一些汉字，如日、月、星、敕令等字样。道教十分重视符箓的书写方法，认为："画符不知窍，反惹鬼神笑；画符若知窍，惊得鬼神叫"。

图 9-2 道家符咒

有研究表明，世界上几乎所有的民族都存在对山岳的崇拜。人类社会早期崇拜山岳的原因主要有两点：一是高大雄伟的山岳具有神秘性，常会被古人看作是神仙居所或是通天之路，二是山中特有的自然景观和现象等让人们幻想山岳是神灵的化身。中国古人对山岳也有一种神秘感，《说文解字》解释"山"字说："山，宣也。谓能宣散气、生万物也，有石而高。"

中国人心中的"三山五岳"附会虚幻与真实的恋山情节，"三山"是道家传说中蓬莱仙境；"五岳"是中华大地真实的五座名山。据《礼记·王制》记载，上古舜帝时天子已经对五岳进行祭祀，古代帝王相信五岳不仅仅是五座名山，还与国家命运的兴衰紧密联系在一起，帝王心怀虔诚地祭祀五岳，目的就是为了保佑江山社稷万年永固。随着道教的兴起，古人将五岳崇拜纳入宗教信仰领域，认为五岳均有一位岳神掌管，五岳之神拥有无边的法力，控制着自己的领土。对山岳的崇拜产生了高台建筑，我国从战国到西汉时期开始流行高台建筑，当时重要宫殿台榭多采用高台地基。而大山造型被世界各国建筑师和人们所喜爱，朝鲜平壤的柳京大厦高度330米，建筑面积36万平方米，其外形就是一座大山。

第10讲 山岳崇拜——高台建筑与山形建筑

图10-1 高台建筑——汉文化馆

第二篇
皇城布局与城市规划

11.紫禁城从它名称的由来到建筑的布局，甚至连台阶、门钉的数目都与《周易》有关。

12.大明宫南门命名为朱雀门，武则天就像一个火红的凤凰降落在这里。

13.明朝在修建北京城时依照北斗七星的转折定位，因此北京城的西北不是直角。

14.当数字表达建筑文化时，就不再是数学概念，"九五之尊"成了天子的代名词。

15.八卦是中国古代的一套有象征意义的符号，建筑以卦象布局违反了以人为本的原则。

16."来龙去脉"一词原为风水用语，勘测风水要顺应龙脉的走向以安排人居环境的布局。

17.没有水就没有城市，风水之法，得水为上；水是山的血脉，山是水的风骨。

18.新疆伊犁特克斯县八卦城世界独有，迷宫般的道路让游人无法辨别方向。

19.老子"小国寡民"的思想与让人们追思人文尺度的城市。

20.西安九宫格局的规划，克服"摊大饼"的城市发展模式，打破一千零一个雷同的城市。

第11讲 天地交泰——阴阳和谐的皇城规划

紫禁城从它名称的由来，到宫殿的设置、命名和建筑规制的布局，甚至连台阶、宫门铜钉的数目都与《周易》象数有关。紫禁城的内廷有乾清宫、交泰殿、坤宁宫，这些宫殿命名皆与《周易》卦名有关："乾，天也。"乾清宫出自乾卦，《彖传》说："大哉乾元，万物资始，乃统天。"坤宁宫出自坤卦，"坤，地也。"交泰殿的命名出自泰卦，泰卦是由乾卦和坤卦合成，乾下坤上。《彖传》曰："泰，小往大来吉亨，则是天地交而万物通也；上下交而其志同也，内阳而外阴。"交泰殿位于乾清宫与坤宁宫之间，意味着"天地交泰"的意思。只有阴阳交合，才能万物滋荣、国泰民安。乾清、坤宁两宫法天象地，于是两宫之间的交泰殿则意指天地交泰，阴阳和平。

古人将天帝所居住的天宫称作紫宫，皇宫禁地戒备森严所以又名紫禁城。紫禁城内"太极殿"之所以叫"太极"，在《周易·系辞》里说："易有太极，是生两仪。""两仪"指"阴、阳"和"天、地"。天地相交，阴阳相配，于是生化万物。所以，太极是天地未分的状态，是天地万物的本原，用它做宫殿的名称，意味着天子有无限的权力。皇城的中心是太和、中和、保和三大殿，之所以都有"和"字，也是出自《周易·乾·象》——"保和大和，乃贞利。"紫禁城位于北京城的中心，是风水最好的地方，这里被认为是"生气"聚集的地方，阴阳和谐、衍生万物为"和"。只有当阴阳和谐时，天地万物才能顺其自然地发展。

　　紫禁城通过午门、神武门一条南北中轴线又将宫城分为东西阴阳二区。东居太子，西栖宫妃；男左女右，阳左阴右。东方是太阳升起的地方，为阳，所以在紫禁城中轴线的东部布置了与"阳"有关的建筑内容。如文华殿为太子讲学、居住之处。紫禁城中轴线的西方为阴，布置了与"阴"有关的建筑。如皇后、宫妃居住的寿安宫、寿康宫、慈宁宫等都布置在这边。太和殿丹陛上左陈日晷以司天，天道属阳；右置嘉量以司地，地道属阴；前者定天文历法，后者制度量衡，阴阳相合而成一体。宫廷朝事大典百官排列，也按照《老子》"君子居则贵左，用兵则贵右，"文臣列于左，武将立于右；与此相应，文华殿位左，武英殿位右。"天行健，君子以自强不息。地势坤，君子以厚德载物。"为了把紫禁城渲染上神圣的光辉，把它象征宇宙的中心，古代建筑大师就是这样把阴阳宇宙与宗法礼制巧妙地结合起来，用道家思想规划设计了这座气势磅礴的建筑群。

图11-2 紫禁城中轴线将宫城分为阴阳两区

依照风水"五位四灵"的原则，古代城市布局采用四方守护神：青龙、白虎、朱雀、玄武，分别代表东、西、南、北四个方位，它们与中心结合起来，就形成五个方位。五位四灵模式是风水术所追求的环境模式，具有藏风聚气的特点。在建筑装饰上也有"四神"的图形，即青龙、白虎、朱雀、玄武。青龙屈曲利爪，叱咤风云；白虎体态丰满，凶猛灵活；朱雀凤头鹰喙，风姿翩翩；玄武以静守动，浑然一体。

西安，公元前11世纪，周王朝第一次在这里建都。在随后的时间里，数以百计的帝王以西安为都城，统治中国长达一千多年，历史给这个城市留下了无与伦比的文化遗产。在今天西安市的北部，有一个大型的文化遗址。这里曾经耸立过一座世界上规模最大的砖木结构的宫殿群。它的面积相当于3个凡尔赛宫，4个紫禁城，12个克里姆林宫，13个卢浮宫，15个白金汉宫。这就是大唐帝国的皇宫大明宫。丹凤门是大明宫的正门，一般的城门只有三个门道，而丹凤门有五个门道。宽大的门道，高耸的墩台，雄伟的阙楼，丹凤门可能是中国历史上规模最大的门。今天，我们已经很难想象这样庞大的宫门。将大明宫南面之门命名为朱雀

第12讲 五位四灵——神兽守护的城门

图12-1 南京玄武门

图12-2 紫禁城神武门

门是取"丹凤朝阳"之寓意,丹凤即朱雀,意思是红色的凤凰。但它与武皇后似乎存在着某种不可思议的联系。中国古代典籍中说,天下安宁太平,凤凰就会降世。或许,历史果真如预言那样,在冥冥之中潜藏着难以言说的玄机,武则天就像一个火红的凤凰降落于刚刚建成的大明宫。

唐帝国的玄武门也让历史铭记,城池北门命名为玄武门是取"北方玄武"之寓意,皆源自风水中"四灵"之说。玄武门之变是公元626年7月2日,由当时的秦王、唐高祖李渊的次子李世民在唐帝国的皇宫的北宫门——玄武门附近发动的一次流血政变,结果李世民杀死了自己的长兄和四弟,得立为新任皇太子,并继承皇帝位,是为唐太宗,年号贞观。

在今天城市地名上有许多"五位四灵"规划思想的遗存,如:西安市的朱雀大街,南京城的玄武门等。北京清代仍设九门,表达春生,夏长,秋收,冬藏。东方代表春,是少阳,所以,日坛和朝阳门在城东;西方代表秋,是少阴,所以,月坛和阜成门在城西。同时,风水思想按照"阳来阴受,阴来阳受"的思想,南方为阳、北方为阴;天为阳、地为阴,紫禁城南门叫午门,天安门、正阳门、天坛在紫禁城南面。地安门、玄武门、地坛在紫禁城北面。紫禁城北门原名"玄武门",清代避康熙皇帝玄烨之讳,改名"神武门"。

图 13-1 紫禁城三大殿的台阶

第13讲 象天设都——仿效宇宙 规划城池

中国古代城池的设计思想，除了受当时政治、经济、军事、地理等条件的制约，还受到"象天设都"的影响，"象天设都"就是效仿宇宙天象对城市进行布局。《周易》上讲"法象莫大于天地，天地有尊卑，故人有贵贱，人道本乎天道，天地相应、人神一体。"古代城市规划模仿天上的星宿，汉长安城中经纬交错的二十五条大街，将全城分为108个坊，设立108坊就是对应上天108颗星曜。秦始皇兴建帝都咸阳，在渭河南岸兴建了阿房宫，阿房宫也是采用象地法天的宗旨，《三辅黄图》这样记载秦咸阳："因北陵营殿，端门四达。以则紫宫象帝居，渭水贯都，以象天汉，横桥南渡，以法牵牛。"阿房宫宫殿之间的通廊好似天上的鹊桥，人行其中仿佛天上人间。

中国古人将天空分为太微、紫微、天帝三垣。紫微垣为中央之中，众星捧月般的尊贵，是天帝所居之处。紫微星其实就是北极星，在人间皇帝自称天子，地上的君主和天上的星宿应该对应。为了体现君权神授，皇帝居于想象中的天界以增加自身的神秘色彩。紫禁城"前朝"的太和殿、中和殿、保和殿象征天阙三垣。三大殿下设三层台阶，象征太微垣下的"三台"星。"后寝"有乾清、坤宁、交泰三宫，左右是东西六宫，总计是十五宫，合于紫微垣十五星之数。

　　"览秦制、跨周法"这是张衡《西京赋》对汉长安城规划的总结。所谓的"览秦制"是秦人运用"象天设都"的观念来规划都城，帝王效法天象筑城，目的在于强调王城位于宇宙的中心。"览秦制"是指汉长安的规划综合了周、秦以来两朝营国制度的经验，汉长安城参考了秦咸阳城的规划手法，运用北斗星、南斗星和紫微垣等星宿的位置规划长安城的城市形态。"跨周法"是指汉长安的城市规划超越了《周礼·考工记》中城市的规则原则，不拘泥于周法"择中立宫"的束缚。根据《三辅黄图》的记载，汉长安"城南为南斗形，城北为北斗形，至今人呼京城为斗城是也"，这就是汉长安"斗城"的由来。

　　在汉长安城的考古研究中，"北斗之城"也吸引着现代学者的目光。考古证实了汉长安城有着严密的规划，该城存在一条中轴线总长度达74公里，但是汉长安城的城郭大体上呈正方形但不规整，根据对古城墙的发掘，汉长安城墙西北部分蜿蜒曲折，说明这是依照北斗七星的转折定位的。"象天设都"的手法被历代王朝的统治者采纳，明朝在修建北京城时也依照北斗七星的转折定位，在城西北（西直门）的位置城墙不是直角。

图13-2 北京明长城遗址

《周易》规定"阳卦奇、阴卦偶"。因此，一、三、五、七、九是奇数，也叫"天数"。二、四、六、八、十是偶数，也叫"地数"。"九"被称为"老阳"，居天数之极，它象征天。紫禁城前朝的三大殿、三朝五门制是取天数；后朝的六宫六寝制，是取地数。《周易》上讲："圣人作九，九之数，以合天道而天下化之。"天子必须合天道，所以皇帝统治的是九州，拥有的是九鼎，穿的是九龙袍。《周礼·考工记》规定："匠人营国，国中九经九纬，经涂九轨；内有九室，九嫔居之；外有九室，九卿朝焉。"九龙壁的图案是用九的倍数——二百七十块琉璃浮雕拼装组成。

　　"五"居"天数"之中，所以皇帝是九五之尊，龙生"九"子，凤有"五"色。紫禁城建筑，天安门、端门、午门的城楼，太和殿、乾清宫等都是面阔九间、进深五间，含九五之数，象征着天子为"九五之尊"。九龙壁、九龙椅、宫门的门钉纵九、横九八十一个，大屋顶五条脊、檐角兽饰九个。传说故宫有房间数为9999.5间，亦隐喻"九五"之意，"九五之尊"的营造规制还成了天子的代名词。

第14讲　九五之尊——建筑规划的数字玄机

图14-1 颐和园17孔桥

图 14-2 天坛祈年殿

　　颐和园昆明湖上有一座十七孔桥，很多人对十七孔的设计感到讳莫如深。这其中也包含着封建帝王对"九"的钟爱，因为桥正中的大孔两侧各有八孔，无论从桥哪端走到桥的中心都是天数之极的九，所以将桥建成十七孔。元大都的城门为什么有十一个？这是近几百年来国内外学者所关心的问题，设计者是为了象于《周易》。"天地之数，阳奇阴偶。"城市规划者将天数一、三、五、七、九中间的"五"和地数二、四、六、八、十中间的"六"加起来为"十一"。取"天地之中和"之意，赋予城市"天地和合"的美好寓意。

　　《易经》中"数"对中国古代建筑的影响举足轻重，天坛是明、清天子祭天的地方，圆形的圜丘由三层汉白玉石坛组成，坛正中央的一块圆石叫"太极石"，每层四面各出台阶，每个台阶有9级。坛面周围环绕着汉白玉栏板，栏板的数目也取天数9的倍数，三层坛面汉白玉栏板总数为３６０块。圜丘的坛面所用石板数目也是9和9的倍数，从中心石向外每圈依次递增９块，到第９圈则为８１块，以此表示圜丘台的无限高大。《易经》中9是阳爻最大，而八卦图中由三圈组合，每圈12笔画，9乘12是108。受到《易经》影响，18、36、72、81、108从9中变化出来的也是吉数，中国古代建筑中108有极高之意。如沈阳东陵台阶共108个，宁夏青铜峡有108塔，青海塔尔寺大经堂有柱108根。

图15-1 紫禁城东西六宫在中轴线两侧

第15讲 卦象布局——拘泥形式 得不偿失

八卦是中国古代的一套有象征意义的符号，用于占卜和象征。用"一"代表阳，用"- -"代表阴，这样两个符号，变化位置组成八种符号叫作八卦，每一卦形代表一定的事物。《系辞上传》讲："八卦相荡，鼓之以雷霆，润之以风雨，日月运行，一寒一暑。"八卦互相组合又得到六十四卦，用来象征自然与社会的现象。《易经》八卦从哲学高度概括宇宙中万物的阴阳平衡，揭示了自然界的变化规律，循环往复、彼此消长、生生不息，太极八卦形成天地万物的本源。

卦名	象征	个性	方位	阴阳	五行
乾	天	刚健	西北	阳	金
兑	泽	喜悦	西	阴	金
离	火	美丽	南	阴	火
震	雷	惊动	东	阳	木
巽	风	进入	东南	阴	木
坎	水	陷落	北	阳	水
艮	山	止住	东北	阳	土
坤	地	顺从	西南	阴	土

《老子》曰："天道与人道同，天人相通，精气精贯。"文学中的很多成语都是来源于《易经》，如"风雷激荡"来自《益卦》，"正大光明"来自《离卦》；"自强不息"来自《乾卦》。隋帝国以《周易》的乾卦理论为指导建造了长安城，皇帝居住的太极宫也因此被安排在长安城北部中央的位置，然而过于理想化的设计忽略了地形的缺陷。太极宫处在长安城地势最低的一块洼地上，夏天经常下雨温度又很高，太极宫因此潮湿而闷热。李世民由于多年征战一身伤痛，每当夏天来临的时候，他都要出长安城避暑。建造长安城的设计者以卦象布局，拘泥形式没有考虑地理的缺陷，是个失败的规划。以卦象布局违反了以人为本的原则，往往得不偿失。

紫禁城东西六宫是妃子居住的地方，也融入了《周易》哲学思想，建筑的布局从平面上看是一个"坤"卦的卦象，暗喻居住在此的妃子顺承皇帝，生儿育女。自宋朝之后，塔大多布置在城市的西北，这个方向是先天八卦中的"艮"位，"艮"是山的意思，古代城市塔往往是城市中最高的建筑，所以塔建在市区的西北。山西一些富商巨贾的宅院也模仿紫禁城，在一些院落形成卦象的布局。

图15-2 山西富商大院也按卦象布局

清代《阳宅十书》指出："人之居处宜以大地山河为主，其来脉气势最大，关系人祸福最为切要。"风水学重视山形地势，把人居小环境放入地理大环境中统筹考虑。中国的地理形势每隔8度左右就有一条大的纬向地质构造，如天山——阴山构造，昆仑山——秦岭构造，南岭山脉构造。《周礼·考工记》讲："天下之势，两山之间必有川矣，大川之上必有途矣。"风水学把绵延的山脉称为龙脉，中华大地龙脉源于西北的昆仑山，向东南延伸出三条龙脉：北龙从阴山、贺兰山向东入海而止；中龙由岷山入关中，至秦山向东入海；南龙由云贵至福建入海。每条大龙脉都有干龙、支龙、真龙、假龙、飞龙、潜龙、闪龙。

"来龙去脉"一词原为风水用语，勘测风水首先要搞清楚来龙去脉，顺应龙脉的走向以安排人居环境的布局。古代先民很早就产生了对龙的崇拜，风水术借用了民间有关龙的观念，人们常常把山比作龙。一条山脉若气势雄伟、绵延起伏，人们称为"龙山"，把绵延不断的山称为龙脉，以山势聚集之处称为龙穴，在龙穴之处做阴宅墓地，可以让子孙得到封荫护佑。风水选择环境的四大要素中，"龙"是最重要的，没有它则无从谈起"砂、穴、水"。

第16讲　寻龙觅砂——龙脉与城市风水

图16-1 高架路似城市的龙脉

图16-2 山势中走向雄伟者为脉

古人认为北长街为北京的龙脉，在此建造雷神庙。明朱国祯《涌幢小品》："余过西华门，马足恰恰有声，俯视见石骨黑，南北可数十丈，此真龙过脉处。"风水术与我们的城市居民又有什么关系呢？这是因为人们相信有龙则灵，龙能造水，水就是财。当今在城市中，一条条公路就是龙脉，要想富先修路，道路交通改变现代人的生活。

龙脉不仅仅在地上，地下也有龙脉，这就是温泉。打温泉井只有打在龙脉上，水温才高、出水量才大。我国有着悠久的温泉文化，秦始皇建"骊山汤"，唐太宗建"温泉宫"。温泉的形成主要有两种形式，一种是地壳内部的岩浆喷发，加热地表水；另一种是地表水渗透到地下，在地壳深处形成含水层，含水层的水受地热加热成为热水。有的温泉水温度接近甚至超过沸点，有的温泉周期性地喷水。

北京昌平小汤山素有"温泉古镇"之美称，温泉水的利用可追溯到南北朝时期，距今已有1500多年的历史，此地故名"小汤山"。元代人们把小汤山温泉称为"圣汤"，清朝康熙、乾隆时期，皇帝在小汤山修建了行宫，并御笔题词"九华兮秀"。现代科学家通过勘探发现，小汤山地下存在一条热水地带，如今，这里的度假村就叫"龙脉温泉"。

图 17-1 济南大明湖鸟瞰图

第17讲 上善若水——打造"八水润长安"

"上善若水"出自于老子的《道德经》："上善若水，水善利万物而不争，此乃谦下之德也；故江海所以能为百谷王者，以其善下之，则能为百谷王。天下莫柔弱于水，而攻坚强者莫之能胜，此乃柔德；故柔之胜刚，弱之胜强坚。"这段话解释为：世界上最柔的东西莫过于水，然而它却能穿透最为坚硬的石头，这就是"柔德"所在。滴水穿石，柔可克刚，没有什么能超过它。水的德行在于水避高趋下，因此不会受到阻碍。它可以流淌到低地方，滋养万物。它处于深潭之中深不可测，表面清澈而平静，它源源不断地流淌，去造福万物却不求回报，这样的德行乃至仁至善。

风水学家常说："风水之法，得水为上。"在风水理论中提到"水随山转，山防水去。水是山的血脉，山是水的风骨，未看山时先看水，有山无水休寻地。"山主静，水主动，两者相互衬托。按照风水的观点，建造住宅的最佳位置是依山傍水，建筑背后的山峰可以阻挡寒风，建筑前的水源可以方便生活，美化环境。古人在打井选址的时候，在不同位置的碗中扣几粒黄豆，几天以后掀开看，哪处黄豆芽发得最好，说明下面水气最足，正像《黄帝宅经》上说："地

34

善，苗茂盛；宅吉，人兴隆。"古人常把山、丘、岛、岗、林、峰，湖、江、滨、湾、塘、风、雨、雷、电等作为建筑环境因素加以考虑。

古代城市发展与水结下渊源，描写城市的诗句也离不开水。如李白描写金陵(南京)："三山半落青天外，一水中分白鹭洲。"刘鸽描写济南："四面荷花三面柳，一城山色半城湖。"苏轼："水光潋滟晴方好，山色空濛雨亦奇。"《周礼·考工记》记载了周代王城建设思想，在城市建设上提出："高勿近阜而水用足，低勿近水而沟防省。"强调"因天材，就地利，故城郭不必中规矩，道路不必中准绳"自然至上理念。

据《明实录》记载："1366年朱元璋令当时最著名的风水先生刘基选择风水宝地。"刘基称赞南京说："石城虎踞之险，钟山龙蟠之雄。伟长江之天堑，势百折而与流。"五百多年前的北京因在闹城凿出一口甜水井，王府井因而得名。当今城市街道可比作"水"，一条街为一条水。《西安晚报》报道，西安计划再造"八水润长安"胜景。两千多年前，自汉代起古都西安就赢得"八水绕长安"的美誉。如今，西安计划用5年到10年的时间，打造"八水润长安"新胜景。城在水中，水在城中，让水在西安流起来、美起来。

图17-2 水景住宅区规划图

新疆伊犁特克斯县八卦城的规划思想取自《易经》中"天地交而万物通，上下交而其志同。"设计者期望用天地交合的八卦造型，在这块土地上实现多民族团结的"大同"景象。自1937年春开始，设计者聘请了俄罗斯的工程技术人员进行勘测，并按照八卦造型来打桩放线。当时由于没有那么长的绳子，就从店铺中购来成捆的布匹，撕成布条连接成长长的线绳，从中心向外放射，沿绳子撒上石灰，用20多头耕牛犁出八卦城的街道雏形，历时两年时间建好城镇。

八卦城的中心就是太极图的阴阳两仪，从中心按照八卦方位辐射八条主街，以坎、乾、兑、坤、离、巽、震、艮命名。每条主街纵向长1200米，每隔360～380米设一条环路与八条主街相连，由中心向外依次共设四条环路。一环贯穿八条街，二环贯穿十六条街，三环贯穿三十二条街，四环贯穿六十四条街。整个县城呈放射状，路路相通，街街相连。

法国巴黎的道路以凯旋门为中心向外放射，以致不少游客在这里迷路。特克斯县的八卦城同样是一个让人迷失的地方，其原因是按八卦方位设计八条大街，其中没有东西南北的马路，迷宫般的道路伸向远方，奇特的布局让游人无法辨别

第18讲　八卦古城——入选吉尼斯纪录

图18-1 新疆八卦城大易碑廊

图 18-2 新疆八卦城街景

方向。八卦城有一奇，城市马路上没有一盏红绿灯。专家提议，既然各道路环环相连、条条相通，这对一个县城来说就不会堵车，车辆和行人无论走哪个方向都能够通达目的地。1996年交管部门取消道路上的红绿灯，八卦城由此成为一座没有红绿灯的城市。八卦城以其"建筑正规，卦爻完整，规模最大"而荣膺世界吉尼斯之最。今天很多来到这里旅游的人，就是为了体验八卦城的新奇。

　　早在100多年前，英国城市规划学者霍华德就对城市化的问题提出了自己的设想，他在《明日的田园城市》一书里认为，城市按照放射道路、同心圆进行规划，城市的功能与美丽的乡村环境和谐地组合在一起。霍华德设想的田园城市平面为圆形，中央是一个公园，有6条主干道路从中心向外辐射，把城市分成6个区。田园城市理论对后来出现的"城市有机疏散"论、卫星城镇的理论颇有影响。八卦城在"形而上"方面符合"田园城市"的思想，但是因为容易迷路不适合推广。

图19-1 古镇小街因为符合人的尺度备感温馨

第19讲　小国寡民——人文尺度的城市

老子说："小国寡民，使有什伯之器而不用，使民重死而不远徙。虽有舟舆，无所乘之，虽有甲兵，无所陈之。甘其食，美其服，安其居，乐其俗。邻国相望，鸡犬之声相闻，民至老死，不相往来。"今天当我们看到人类文明的负面影响时，不免对城市发展进行反思，联想到老子"小国寡民"的社会蓝图不免追思怀念。虽然"小国寡民"的概念有一定的社会背景，但是老子告诫人们，文明的发展要顺应自然的发展，文明在推动社会发展进步的同时也有负面影响，大尺度的城市会给人们的生活带来超负荷的负担。

很早以前，在两河流域就出现了人类城市，那时的城市生活主要围绕宗教活动展开，城市的尺度是神的尺度。后来在欧洲出现了历史上的文明古城如希腊、罗马，这些城市里有炫耀权力的皇家宫殿和气势宏伟的宗教建筑，这样的城市是以帝王、宗教为尺度的。汽车的发明让城市以车轮为尺度，单枪匹马举步维艰。如今，私家汽车已经把传统的街巷塞满，人们在享受出行便利的同时，也在承受着汽车带给人的困扰，高架路、快速路切割并占据了人的活动空间，造成交通拥堵、效率降低等诸多问题，当我们的城市失去了人的尺度，就失去了能令人怀旧的温馨。

阿根廷首都布宜诺斯艾利斯，按照切豆腐的方式来布局，从高空俯瞰除了几个可以辨别的大公园，整个城市非常均衡地排布。一个大约500平方公里的城市被分成3万个小格子，每个格子就是一个街区，这个诡异的城市就像蜂巢一样，成为以人为尺度的城市典范。创建人文尺度的城市，首先要有一个空间概念，国外一些街边小店门前摆着面包架和牛奶箱，引诱路人随便选购，空气中弥漫着咖啡、奶油和果蔬的气味，让人感到世俗生活的真切。城市不是一种景观而是一种服务。一个城市的美观，只有在方便人们生活的前提下才是可取的。城市是公众的城市，是由纳税人的钱构筑的一个公共福利系统，应该服务全体市民，而不是有车一族或者拥有权力的人为了自身的表现。

随着中国人口的增加，城市街道越来越宽，广场的尺度也随着城市的发展变大。银川南门城楼最早为明朝朱棣在灵州时所建，乾隆五年又重建，高27.5米、长88米，在高大的台座上建有歇山式重檐的二层楼阁，廊檐彩绘，红墙碧瓦，气势宏大，城楼正中有一个拱形门洞，整座建筑结构严谨，有"南楼秋色"一景。新中国成立后开辟了南门广场，仿照天安门进行装饰，显得更加宏伟壮观。

图19-2 银川南门城楼

几千年来，我国古代城市规划受到儒家思想的影响，沿袭《周礼·考工记》的城市形态："匠人营国，方九里，旁三门，国中九经九纬，经涂九轨，左祖右社，面朝后市，市朝一夫。"古人在做城市规划时，城市的每边长是九里，每边开三个城门，城内九条横街，九条直街，街的宽度是车轨的九倍，左边是祖庙，右边是社稷坛，前面是朝廷，后面是市场，市场和朝廷各百步。城市建设强调中心、

西安"九宫格局"的城市规划

追求秩序。很多外国游客来中国后都惊奇地发现，中国的城市都是惊人的相似，英国《泰晤士报》报道《在中国有一千零一个雷同的城市》。西安在最新的城市规划中采取了"九宫格局"的发展模式，九宫格最早起源于《易经》中的"洛书九宫图"。西安"九宫格局"规划描述为：古城中央，轴向伸张；九宫格局，虚实相当；米字方向，放眼关中；九城之都，大市泱泱。

第20讲 九宫格局——打破雷同的城市布局

图20-1 西安钟楼

第三篇
传统民居与特色村落

21.风水家根据太极布局以达到"藏风聚气"的目的，土楼建筑充分演绎了太极文化。

22.窑洞是黄土高原的产物，是最早的掩土建筑，成为"致虚、守静"的另类高级住宅。

23.刚柔相济的徽州马头墙是一道引人瞩目的风景线，表现的是鸿鹄凌云的抱负。

24.坐北朝南的四合院称为坎宅，"巽"是《易经》八卦之一，大门开在东南角称为巽门。

25."小隐在山林，大隐于市朝。"道家的遁世思想产生了中国人的院落文化。

26.诸葛八卦村的八条小巷，使村落形成了坎、艮、震、巽、离、坤、兑、乾八个区域。

27.宏村先民按牛形布局村落，在农业社会里人们觉得住在牛形村庄里会丰收富裕。

28.黑白相间的水墨民居犹如一幅"太极图"，这与道家"见素抱朴"的美学一脉相承。

29.风水学讲究：未看山时先看水，有山无水休寻地，依水而居是中西方共同的居住文化。

30.受到道家文化的影响，人们追求"仙境"般的栖息地，造就与世隔绝的山里人家。

图 21-1 围合的土楼形成太极空间

第21讲 藏风聚气——土楼演绎太极文化

老子说："无极生太极，太极生两仪，两仪生四相，四相生八卦。"老子认为，世界的本源以太极为核心演绎发展。风水堪舆家认为：太极是一个相对封闭的空间，分为：内太极、中太极、外太极，层层环绕的目的是要聚气。风水家郭璞在《葬经》中讲："气乘风则散，界水则止，古人聚之使不散，行之使有止，故谓之风水。"

风水学中所说的"气"，在现代医学中得到验证，人体外表存在着一层肉眼看不见的气场，它由人体产生的生命能量流形成，这种生命能量流就是维持生命所必需的"气"，这种"气"已被特殊的摄影成像技术拍到。这种气场相当于给人体穿了一层"盔甲"，若缺少这种气场人体就会受到外界不良因素的侵袭而致病。这种"气"在人进入睡眠状态时最弱，有人做过实验，在空旷的地方睡眠比在室内睡眠，围绕在人体周围的"气"要弱。古人在评判居住环境时说"宅小人多气旺、宅大人少气衰"，就是指出人体气场与环境聚散的关系。

风水家在规划城郭、村落、住宅时，有一个总的原则，就是要根据太极大小来布局，以达到"藏风聚气"的目的。土楼建筑充分演绎了太极文化，土楼是"客家人"的建筑，"客家人"是指从别处搬迁到异乡，以客人的身份落脚。土楼以安全防卫特色著称，早期到达南方的游民，饱尝饥荒战乱之苦。为了立足生存，建房筑屋一方面要防御自然界的风雨，一方面还要防止土匪的袭击。在当时条件下，客家人是以家族聚居的形式生活，这就需要有相当大的空间，以容纳整个家族的生活起居。当时福建地区盛产木材，这就为客家人建造土楼提供了物质条件。他们采用夯筑技术就地取土，参照军事堡垒建筑房屋，高大坚固的土楼兼顾居住与军事用途，外墙厚度达到两米，墙高可达十几米，再通过多层木结构获得立体化的居住空间，土楼还具有防风抗震、采光通风、适于族居等优点，堪称世界民居建筑一绝。

土楼的形状符合风水学"藏风聚气"的诉求，这种外围内敛的能给人安全感。古人常以图形符号代表天，《易·说卦》讲"乾为天，为圆。"吉气汇聚在封闭空间里聚集就不容易扩散，汇聚"吉气与财气"才能家和万事兴。风水文化价值在现代设计中被不断验证，很多住宅小区最后一排布置为高层，天际线形成半封闭的空间，给人安全的感觉也暗含藏风聚气的寓意。

图21-2 土楼外景

43

虚极静笃出自老子的《道德经》。原文为："致虚极，守静笃。"意思是说：虚和静都是形容人的心境处于空明宁静的状态，但由于外界的诱惑与干扰，人的欲望开始活动。因此心灵烦躁不安，所以必须遵守"致虚"和"守静"，以恢复内心的平安。

　　窑洞是黄土高原的产物、陕北民居的象征。陕北人民因地制宜创造了窑洞艺术，小小窑洞浓缩了黄土地的别样风情。黄土高原的黄土层深达一二百米、极难渗水，密实度高的黄土为窑洞提供了很好的地质前提。同时，黄土高原全年少雨、冬季寒冷也为窑洞创造了得以延续的气候条件。窑洞冬暖夏凉、防火防噪音，不仅经济而且舒适，是因地制宜的建筑典范。最常见的窑洞是多孔连续排列，呈现出有节奏的和谐。在山坡高度允许的情况下，还可以同时布置几层台阶式窑洞，类似城市里的退台式楼房。在陕北还有一种下沉式窑洞，也称"地窑"。这种窑洞的做法是先就地挖下一个方形地坑，然后再向四壁挖掘窑洞，形成一个下沉式的四合院。人在远处只能看见下沉院子里的树梢，看不到房舍。舒适的窑洞给建筑师带来启发，掩土建筑方兴未艾。掩土建筑不像地上建筑那样承受气温的大幅度变化，由于掩土建筑周围是土壤，温度较为稳定，它们只需要耗

第22讲 虚极静笃——从窑洞到掩土建筑

图 22-1 陕北窑洞

图 22-2 掩土住宅设计

费较少的能源就能够维持舒适的温度。

　　无论什么时候，人的居住环境都需要安静，可是由于人口不断膨胀，机动车增加，各种噪声污染无处不在。随着后工业文明时代的来临，掩土建筑成为"致虚"和"守静"的另类高级住宅。人类建造掩土建筑已有几千年的历史。无论什么结构形式的掩土建筑，都有一部分或全部用土掩盖。科学家发现掩土建筑有利于人体身心健康，他们把被试验人员放在一个山洞里，发现这些人每天睡八个小时，醒十六个小时，实验发现在掩土建筑中人的生理特征放缓，心跳变慢、血压降低，有利于健康长寿。

　　今天，地下图书馆、地下商业街正在国内兴起。与常规的建筑相比，掩土建筑具有明显优点，如节能节地、防震防风。掩土建筑室内热稳定，不像住宅楼房里的人们，夏天白天要关严窗户，否则外面的热空气吹进屋里，反而增加了室内的温度。正是由于热稳定好的优点，使掩土建筑成为受到重视并大力发展的可持续发展建筑的形式。掩土建筑设计时要利用自然采光通风并使用辅助人工设备，常见的方法是建造一个天井，利用天井采光通风。日本美秀美术馆总建筑面积为17000平方米，由于地上是自然保护区，只允许2000平方米左右的建筑部分露出地面，建筑师贝聿铭将它设计成掩土建筑，整体建筑隐蔽在万绿丛中，和自然保持超凡的和谐。

图 23-1 徽州风格当代建筑

第23讲 五岳朝天——徽州民居的独特韵律

　　"五岳朝天"原是相面术语，人的两侧颧骨、额头、下颚和鼻子在相学中合称五岳。相书认为"五岳朝拱为富贵之相"。《神异赋》曰："五岳朝归，今世钱财自旺。"据传明太祖朱元璋即为五岳朝天之相，故为极贵之人。徽州民居的设计建造注重满足物质和精神的双重需求，具有防火功能的山墙设计成高低错落的样式，民间俗称"马头墙"也称"五岳朝天"。粉墙黛瓦的徽州民居，因为有了"马头墙"显得轻盈又精巧、儒雅又高深。马头墙以其抑扬顿挫的起伏变化，就像凝固的音乐造就了徽州民居的独特韵律。

　　现在一些住宅设计为了恢复特色民居风韵，采用徽州民居的马头墙作为设计元素。但是传统的马头墙是由一片片青瓦砌成的，每个马头墙包括滴水瓦、盖瓦、脊瓦等三四种规格，大小瓦片共有一百余块。一个瓦工做一个马头墙的飞檐最少要用两、三天的时间，如果要在现代单元楼上安装过于费工费时。在多层建筑和高层建筑上，为了防止高空坠落，瓦材的使用也受到限制。好在，人们研发了模具生产的工艺，以前这种工艺多用于"欧陆风"式的住宅小区，生产罗马柱等欧式构件；而现在一些企业开始生产中式古建构件，如斗拱、雀替、龙柱、壁

46

画、仿汉白玉栏杆等。

在一家住宅设计中，用模具批量生产徽州民居马头墙，达到很好的装饰效果。首先要用雕塑泥塑造一个马头墙的样品，由于成品的尺寸很大（长1.2米×宽0.5米×0.6米），要在雕塑泥内绑扎木龙骨以便于成型。泥塑的马头墙飞檐做好后，要在表面上涂刷上一层隔离剂，之后就可以制作玻璃钢模具。玻璃钢模具有很高的强度，可以往里面浇筑混凝土，这样一次可以出一个完整的造型，在需要锚固的地方放置预埋件，最后焊接安装。竣工以后，建筑屋顶上放置了数以百计的马头墙飞檐，鳞次栉比的阵列产生非同寻常的飘逸感。

刚柔相济的徽州民居马头墙是一道引人瞩目的风景线，独特的创意来自于民间。马头墙插翅欲飞的感觉承载着人文意象，百姓认为它表现的是一种鸿鹄凌云的抱负，它以高耸云天的气势，表达出追求幸福的心声。马头墙的造型富有节奏并不气势凌人，用奔腾的动态展示了大家风范的圆融之美，提升了一座座古民居的气质形象。徽州人不露富、不张扬，徽州民居从外面看水墨粉黛却注重内部装饰，庭院里有多种题材的木雕、石雕和砖雕，开凿水池、巧布盆景、安置漏窗，雕梁画栋、对联匾额，宁静而不失庄严，散发着浓郁的书香。有人说，中国人的厅堂就是西方人的教堂，这是指的它所承载的文化和精神意义。

图23-2 现代工艺的制作马头墙

坐北朝南的四合院称为坎宅，大门开在东南角成为巽门。"巽"是《易经》八卦之一，代表东南方向。在自然界中"巽"代表风，风在自然界中能够纵横驰骋，极富运载能力，有了风植物传授花粉孕育生命，有了风带来雨水充满生机。家庭中的长女称为"巽"，因为在母系社会女人繁育后代，家中第一个孩子是女孩会给家庭带来希望。四合院选择在"巽"的位置开门，寓意财源滚滚。按风水的观点，有利的气场通常来源西北角而流向东南角，在封闭模式中，西北角称之为天门，东南角称之为地户。为形成这样的气场，通常在场地的西北角布置能产生大量吉气的建筑，东南方开一较小的门，有利于气场的凝聚，防止吉气轻易扩散，"坎宅巽门"是符合风水文化的布局。

四合院大门通常开在东南方向，而皇家宫殿的大门开在正南方向。宫殿的大门开向南方是根据《易经》"面南而王"的理论，而民居大门开在院子的东南角，是结合了"紫气东来"的典故。用五行八卦解释"巽"位象征风，因为"巽"有"顺"、"入"的意思；用四象来解释"巽"也是吉位，因为"巽"位有"青龙"，这都是四合院大门开在东南的原因。院子的门前不应该有柱子、树

第24讲 坎宅巽门——四合院大门的讲究

图24-1 大门外的反八字影壁

48

图24-2 大门前的镇石

木，否则视为阻挡财气。而在一些单位的门前，常会摆放一个巨大的石材，这与石狮子的作用相当，也起到镇宅的作用。

四合院由房屋和墙围合而成，有的四合院是两进或三进院，并由多个院落前后、左右扩展构成大的建筑群。四合院大门开在东南角，不仅符合风水学"直生煞、曲生幽"的观念，还能给四合院留出一个宽敞的中庭，庭院中植树栽花、饲养金鱼。四合院的影壁、垂花门、月亮门也给四合院营造出祥瑞的氛围，一些四合院的影壁上用砖雕"福寿双全"、"四季平安"、"岁寒三友"、"福禄寿喜"等图案，展示了人们对美好生活的向往。垂花门是四合院内最华丽的装饰门，作用是分隔里外院，门外是客房、门房等"外宅"，门内是主人起居的"内宅"，体现着"内外有别"的居住环境。

清末民初有句俗语形容四合院内的生活："天棚、鱼缸、石榴树、先生、丫鬟、大肥狗"，这是四合院生活比较典型的写照。四合院中一家之主住在正房；按照左为贵的原则，东厢房由长子居住；倒座房一般是佣人来住，"尊卑有序"的思想在四合院中得以体现。平铺规整的院落组合不仅具备了较为舒适的居住环境，还创造了接近自然、利于人际交往的和谐空间，在自我天地中，一家人享受天伦之乐。

图25-1 一段围墙，创造出院落里一个神秘莫测的世界

第25讲 清静无为——院落文化与隐居思想

《庄子·秋水》中记录了这样一个故事。一天，庄子正在涡水垂钓，楚王委派的二位大夫前来聘请他参政。大夫说："吾王久闻先生贤名，欲以国事相累。深望先生欣然出山，上以为君王分忧，下以为黎民谋福。"庄子持竿不顾，淡然说道："我听说楚国有只神龟，被杀死时已三千岁了。楚王珍藏之以竹箱，覆之以锦缎，供奉在庙堂之上。请问二大夫，此龟是宁愿死后留骨而贵，还是宁愿生时在泥水中潜行曳尾呢？"二大夫道："自然是愿活着在泥水中摇尾而行啦。"庄子说："二位大夫请回去吧！我也愿在泥水中曳尾而行哩。"

"仙"字是一个人和一个山的组合，人在山中称之为仙。老子隐居在终南山，隐居是道家"无为"的处世态度，隐士看破红尘隐居于山林只是形式上的"隐"而已，真正的隐士能在最世俗的市朝中排除干扰、自得其乐。老庄的无为思想形成中国人的院落文化，"小隐在山林，大隐于市朝。"院落是中国民居的特色，四合院虽然以房为主，但用一个"院"字概括，院子成为整个建筑群的代名词，这是因为"院落"反映出了中国人居住文化的精神追求。

外国建筑是院在外，即院子包围着房子，中国的居住文化则相反，院在内而房在外，即房屋包围院子。道家的遁世思想产生了中国人的"院落文化"，中国民居院落文化表达的意义是：居庙堂之高则忧其民，处江湖之远则忧其君；身居陋室但心中拥有乾坤，足不出户能感受风雨阳光。院落给人在喧嚣的都市留有一份空间，实现了"安时处顺、乘物游心"的梦想。围合的院落在风水学属于太极空间，符合"藏风聚气"的原理。

院落文化是"精之所聚，气之所蓄"的地方，天井更是风水的落墨。"天井"一词形象地被表达出"通天"的设计意念。天井上可通天、纳气迎风，下接地气、养花种树，沟通天地，修身养性。在风水学中，山主人丁水主财，在自然的山水中如果有四条水从四库之地源源而来，在中心汇聚成湖，谓之"水聚天心，四海朝拱"，乃最上乘的风水格局。在下雨时，雨水顺四周屋顶流下汇聚于天井，称之为"四水归堂"。雨水也叫天财、天禄，四水归堂是天财的汇聚，肥水不流外人田，其最大特点在于一个"归"字，院落与天井其实是天地气交的风水格局。

图25-2 院子中央的水池，形成"凝聚天地人气"的风水格局

诸葛八卦村，位于浙江省金华市兰溪市，是诸葛亮后裔的聚居地。村中建筑规划的格局按"八阵图"样式布列，是国内举世无双的文化村落。诸葛八卦村的地形如锅底，中间低平，四周渐高，四方来水，汇聚锅底，形成一口池塘。这口水塘半边有水，半边为旱，形如太极图的阴阳鱼。以池塘为中心，有八条小巷向八方延伸，道路使村落形成了坎、艮、震、巽、离、坤、兑、乾八个区域。八条小巷直通村外八座土岗，其平面酷似八卦图。有人认为这种布局是诸葛亮"八阵图"的翻版，是诸葛后人根据诸葛亮阵法精髓设计而成的，这既是对祖先的一种特殊纪念，也是对诸葛亮"八阵图"的变相保存。

　　诸葛八卦村内以明、清民居建筑为主，现有保存完整的古民居及厅堂200多处。世界教科文组织专家认为，中国传统的村落和城郭布局大多是依山傍水和中轴对称的模式，像诸葛村这种围绕一个中心呈放射状的八卦形布局，在中国古建筑史上尚属孤例，其重大价值不言而喻。八卦村虽然历经几百年的岁月沧桑，房屋越盖越多，但是八卦的总体布局一直不变。这里完整保存了大量元明清三代的

第26讲　八卦古村——迷宫布阵保平安

图26-1 诸葛八卦村中心的池塘

图 26-2 诸葛八卦村街巷

古建筑与文物，建筑文化传承700余年。岁月荏苒、朝代更替、战火纷飞、社会动乱，不知多少古老村落或焚于天灾战乱，或在人为扩张中失去自我面貌，但这座村庄却像个世外桃源，八卦布局的魅力可见一斑。

诸葛八卦村内的八条小巷扑朔迷离不知去向，犹如一张蜘蛛网又宛如一座迷宫。从当地人讲的几件往事，便可知这样的布局具有防卫功能。1925年北伐战争期间，南方国民革命军萧劲光的部队与军阀孙传芳的部队在诸葛村附近激战三天，竟然没有将战火引入村子，整个村庄安然无事。抗战时期，一队日军从村外高隆岗大道经过，日军看见村中巷道好似迷宫，不敢贸然进村唯恐遭到埋伏。

诸葛后人们聚居在诸葛八卦村中，长期以来形成了一些与众不同的生活方式，朴实而妙趣横生。走在村中，细心的人都会发现，窄巷中相对而居的两家人户，大门并不相对而是错开。当地人管这种做法叫"门不当户不对"。诸葛后裔们说，这种建筑格局有利于处理好邻里关系。如果"门当户对"，两家人家每天进进出出，干扰隐私难免发生矛盾。如果"门不当户不对"能减少矛盾的发生，这种谦和之心使村民和睦相处、民风淳朴，诸葛八卦村村民的苦心运筹，让礼仪之邦的文明不断延续。

第27讲 身国互喻——宏村的牛形图腾

老子说："修之于身，其德乃真；修之于家，其德乃馀；修之于乡，其德乃长；修之于邦，其德乃丰；修之于天下，其德乃普。"意思是说：把德修炼到一个人身上，德表现出来的是纯真；修炼到一家，德表现出来的是富余；修炼到一乡，德表现出来的是邻里和睦相处；修炼到一国，德表现出来的是富强；修炼到整个天下，德表现出来的则是太平盛世。道家思想强调个人、家庭与国家结构形态上的以小见大，认为在表象与功能上是相近的。"身国互喻"的理论将治身与理国结合得更具体："夫一人之身，一国之象也。胃腹之位犹宫室，四肢之别犹郊境，骨节之分犹百官，知理身则知理国矣。民散则国亡，气竭则身死；人以身为国，以精为民，以气为主，以神为帅，山川林木，俱在身中，万神听命。"

宏村位于安徽省黟县，村中为汪姓聚族的聚居地。汪氏宗族请著名的风水先生何可达对村庄进行布局。风水师仿照"牛"形来规划设计，牛是农业社会的图腾，风水师认为把村庄建设成为牛形，日子会平安和美。在村子中开挖了池塘命名"月沼"，据说开挖月沼时，很多人主张挖成一个圆形，中国文化一直崇尚花好月圆的意境，而风水先生认为"花开则落，月盈则亏"。为了避免"物极必反"力排众议，将月沼挖成半月形，取其"花未开，月未圆"的状态，寓意凡事要留有余地，谦受益满招损。

在农业社会里，人们觉得住在牛形村庄里会丰收富裕。于是，宏村先民便按牛形布局建造了。"山为牛头树为角，桥为四蹄屋为身"，宏村边的雷岗山宛如水牛昂首，参天大树恰如牛角峥嵘，宏村人又在村西溪水上架起了四座木桥形成"牛腿"。从宏村水系结构上看，整个村落的水渠、池塘等刚好构成一个牛的消化系统布局。傍着泉眼挖掘的半月形池塘好似"牛胃"，涓涓流向各家各户的水渠好比"牛肠"，而当地人还根据水流的粗细，将月沼以上部分的水渠称作"牛小肠"，月沼以下部分称为"牛大肠"，至于村边的南湖就是"牛肚"，而众多的古民居，则成了"牛身"。

村人还筑石成坝、设置水闸，以控制水势，水闸是水渠的入口，也是全村的水系之首。这样一来，溪水逐渐向下游潺潺而流，形成九曲十弯，像一条血脉从每户人家的门口经过，不仅活跃了整个村落而且还方便居民生活用水、农田灌溉、调节气候。清代诗人胡成浚赞道："浣汲未妨溪路远，家家门巷有清渠。"如今宏村里保存完好的明清古民居达140多栋，"身国互喻"的道家思想被联合国教科文组织列为世界文化遗产。

图27-2 水乡枕河人家

"见素抱朴"出自老子《道德经》，素是指没有染色的生丝；朴是指没有加工的原木。老子希望人们保持纯洁朴素的本性，找到自然的生活规律。老子说："五色令人目盲，五音令人耳聋。"庄子认为："朴素，而天下莫能与之争美。"道家的美学思想构成了中国民居的主色调。华夏古民居明快淡雅，江南民居的外墙都是用砖砌成，表面涂抹石灰，从不给人以华丽之感，用小青瓦而不是琉璃瓦。门楼和屋内的石、砖、木绝少用五色勾画，隔扇、梁栋等也不施彩漆。水墨民居崇尚本色，大气而朴实。在青山绿水花丛中，黑白色的民居，就像是一幅清新淡雅的水墨长卷。青山逶迤，绿水蜿蜒，庄严俊朗的牌坊，粉墙黛瓦的民居就像桃花仙境，也像是一座露天的古代建筑博物馆。

　　今天，当人们看厌了恢弘广厦，经历了喧嚣繁华，渴望那原野上的质朴与恬淡，找回内心的静怡与平安。黑白相间的水墨民居犹如一幅"太极图"，单纯又神秘，这与道家"见素抱朴"的美学一脉相承，给观赏者留下无穷的想象空间。人们通过对色彩心理研究发现，黑色意味着深沉，白色象征着清爽，灰色代表着安详，水墨民居能产生让人内心平和的环境。

第28讲　见素抱朴——水墨风格的东方民居

图28-1 南方民居的墨色门楼

图 28-2 水墨风格的婺源民居

　　水墨风格的民居也是受到封建社会色彩观的影响，古代色彩具有宗教、阶级属性。在魏晋朝时期，金色是佛教建筑上的标志性色彩；从西周开始，统治阶级用颜色来"明贵贱，辨等级"，规定青、赤、黄、白、黑五色为"正色"，淡赤、紫、绿、绀、硫黄等为"杂色"，等级低于正色。自唐朝开始，黄色成为皇室特用的色彩，皇宫用黄、红色调，王府官宦用绿、青、蓝等色调，民舍只能用黑、灰、白的颜色。统治阶级利用色彩来维护自身的形象。古代皇家建筑非常讲究色彩搭配，从唐宋开始，梁枋斗拱的色彩趋向华丽，明朝宫殿黄绿屋瓦、青绿梁枋、朱红墙柱、白色栏杆，鲜明的色彩让整个建筑外观更加生动。

　　色彩在装饰建筑的同时还具有标识作用，勒·柯布西耶设计的马赛公寓，在不同单元之间的隔墙上涂抹了各种鲜艳的颜色，同时形成了明显的标识作用，使居住者在楼外可以凭借不同的颜色方便地找到自己的居住单元。不同的色彩对太阳辐射的吸收是不同的，在夏天人们穿浅色的服装感觉凉爽；而在冬季，人们则偏爱穿红色、黑色等深色调的衣服。从这个意义上说，水墨民居的黑白色调不吸收热量，合乎江南炎热的气候环境。

图29-1 江南水乡风韵，街随水形宛自天成

第29讲 依水而居——风水文化 中西推崇

《黄帝宅经》讲"夫宅者乃是阴阳之枢纽，人伦之轨模。凡人所居无不在宅，在大小不等阴阳有殊，纵然客居一室亦有善恶。"此话是讲：负阴抱阳才是人居理想格局，风水学讲究依水而居。未看山时先看水，有山无水休寻地，水随山而行，山界水而止。这是风水观念中村落选址的基本原则和格局。一块风水宝地不能缺水，水可以调整局部小气候，利于生产生活。传统住宅选址，前面要有月牙形的水塘或弯曲的水流，在村的出入口两侧有水口山称为狮山或象山，水流从案山和朝山绕过，向南突出称"冠带水"。

美国著名的建筑师赖特认为：建筑是自然的一部分，有机建筑就是自然的建筑，房屋应当像植物一样，是地面上一个基本和谐的要素，从属于自然环境，从地里长出来，迎着太阳。这些观点与道家关于人居建筑的思想有相似之处，即追求环境的整体性和协调性，也注重建筑本身的自然性。他设计的著名的"流水别墅"便是现代建筑杰作之一，它位于一条小溪上面，水从建筑的下面流过，这座别墅现在是美国国家博物馆，成为结合自然的典范，如今风水文化已经被世界各国人们所推崇。

威尼斯是意大利东北部城市，这个城市建在离海岸4公里的浅水滩上，平均水深1.5米。由118个小岛组成、177条水道、401座桥梁连成一体，有"水上都市""百岛城""桥城""水城"之称。威尼斯水上城市是文艺复兴的精华，世界上唯一没有汽车的城市，威尼斯"因水而生，因水而美，因水而兴"。威尼斯这个城市的兴起是因为当时人民为逃避兵戎之灾，转而避往亚德里亚海中人际荒芜的小岛。当时的人们先将木柱插入地下的泥土之中，然后木柱上压石头，最后在石上砌砖形成各种建筑。水道就是贯通威尼斯全城的"街道"，顺水观光是游览威尼斯风景的最佳方案之一，圣马可广场是威尼斯城市的中心。

　　苏州以其独特的园林景观被誉为"中国园林之城"，素有"人间天堂"、"东方威尼斯"、"东方水城"的美誉。苏州园林是中国私家园林的代表，被联合国教科文组织列为世界文化遗产。苏州古城境内河港交错，湖荡密布，最著名的湖泊有位于西隅的太湖和漕湖，东有淀山湖、澄湖，北有昆承湖，中有阳澄湖、金鸡湖、独墅湖，长江及京杭运河贯穿市区之北。由于苏州城内河道纵横，又称为水都、水城、水乡，十三世纪的《马可·波罗游记》将苏州赞誉为"东方威尼斯"。

图 29-2 西北银川水景住宅

受到道家文化的影响，人们追求"仙境"般的栖息地，人们追求的"仙境"一方面是指风景绝美的地方，另一方面这里没有灾祸、没有战争。在现实生活中，古代村民为了逃避战乱，跑到与世隔绝的大山里世代繁衍生息，河南辉县郭亮村就是这样形成的。郭亮村位于河南与山西的交界处，是莽莽太行山的一隅。直上直下的断崖是大山中唯一通往外面的"天梯"。"天梯"是由一块块不整齐的岩石垒起或直接在90度角的岩壁上凿出来的石坑组成，高百余米，宽处1.2米，最窄的地方只有0.4米。天梯始建于宋代，至清末历代不断扩修，村民往往稍有不慎便会命丧崖底。多少年来，郭亮村村民吃的油盐酱醋和日用品都是从天梯下背上来，天梯维系着郭亮村村民的全部生活，因此被称为"生命梯"。

　　为使郭亮村的乡亲们不再行走险峻的天梯，历尽6个寒暑终于在绝壁上开凿出总长1250米、宽6米、高4米的绝壁长廊。在现代文明中郭亮村的痕迹要倒退几十年，村里实随处可见石磨、石碾、石巷、石桌、石凳、石床、石阶、石房、石坝、石路、石碗、石筷、石桥、石斧、石锄，似乎石头营造了这里的一切。如今山民们开设农家乐接待游客，这里成为中外影视爱好者频频聚焦的地方。

第30讲 神仙居所——与世隔绝的山里人家

图30-1 天梯

第四篇
标志建筑与个性建筑

31. "姑苏城外寒山寺，夜半钟声到客船。"建筑的意境美使欣赏者获得余味无穷的美感。

32. 老子说："大巧若拙"，华裔建筑师贝聿铭先生运用老子的智慧成就了香港地标的诞生。

33. 上海东方明珠电视塔上的旋转餐厅，好似"转运殿"让游人体会风水轮流转的乐趣。

34. 上海世博会中国馆，东方之冠的建筑设计言简意赅，体现了"少就是多"的东方哲学。

35. 建筑应以人的尺度为参考，如果没有掌握好建筑的尺度感，就会遭到人们的曲解。

36. 北京奥运会规划时，曾打算在奥运村建一座双塔，美国9·11事件改变了设计的初衷。

37. 通过彩塑福、禄、寿三星，把中国的神仙人物象形地设计成大酒店，实在是前无古人。

38. 金茂大厦建在上海陆家嘴黄浦江畔，宝塔的造型设计与"宝塔镇河妖"的传说。

39. "盖天学说"认为"方属地，圆属天"，所以天坛建筑是圆形，而地坛的建筑是方形。

40. 中央电视台总部大楼上，除了演播设备还有300间客房，吸引着"临危不惧"的观光客。

图31-1 图书造型的鄂尔多斯图书馆

第31讲 意境之道——上海环球金融大厦

　　老子在论述"道"的时候，没有具体说出"道"是什么，因为"道"囊括了世间真理，所以道不尽言。天是道，地是道，人是道，道亦是道。这就好比人们很难评判什么是美建筑，有的人注重结构美、有的人注重技术美、有的人注重材料美，在不同人的心里，美的标准有很大差异。对于大多数人来说，"意境美"最为直观。意境美属于心理美学的研究范畴，是审美感情、审美想象、审美趣味和审美理想的概括总结，是人们鉴赏建筑物时，建筑之美与审美心理之间的对应关系。

　　意境美之所以有艺术感染力，是将社会文化中富有寓意的特征融入审美心理，以意传情。意境美有三种解释，第一，"移情"说，"移情"是从心理学的角度出发，认为人的美感是一种在客观事物中看到自我的心理错觉，所谓"移情"就是自己的情感"外射"到事物身上，把事物赋予感情，达到物我同一的境界，辛弃疾的词"我见青山多妩媚，料青山见我应如是"就是移情。第二，"心理距离"说，即审美主体处于"无己、无功、无名"的心态。庄子追求的"心斋"，就是用超越感官的心态去感悟，才能体会到物我两忘的意境美。这种境界在中国古代诗词中多有体现，苏轼"明月几时有，把酒问青天"，崇尚自然是"心理距离"的最高境界。第三，"意中之境"说，"意中之境"是与"真实环境"相对而言的，它并非客观描摹现实形象，是通过人们的感觉、想象和联想所呈现出来的，使这些形象更具有强烈的主观情感色彩。

《枫桥夜泊》中写道："月落乌啼霜满天，江枫渔火对愁眠。姑苏城外寒山寺，夜半钟声到客船。"只说在夜晚及晨霜中听到了它的钟声，看到了江中的渔火，并没有直接写寒山寺是什么样子，人们却真切地感受到寒山寺。这就是通过意境表现建筑，意境美使欣赏者获得余味无穷的美感。

一个建筑师要在水边建一个游艇俱乐部，于是他就把建筑设计成船的造型，这是媚俗的做法。建筑有自身的力学结构、构造要求和使用功能，过于直白的表现手法反而失去了意境美。在上海浦东刚开发的时候，环球金融大厦由日本建筑师设计，由于高度将近500米，在顶部开了一个圆洞以减少风荷载。在建造过程中，有人提出这个圆洞不就是日本的太阳旗图案吗，而大厦两侧边角的棱角，则像是两把军刀。怎么能够让这种意象的建筑立足中国大地，正准备冲刺封顶的工程一下子停了下来，最后总结各方意见，将圆形的风口变成梯形，成为大众可以接受的方案。

图 31-2 上海环球金融大厦全景

老子说："大成若缺，大直若屈，大巧若拙，大辩若讷。"华裔建筑师贝聿铭先生也许比常人更加领悟老子的智慧，否则他在设计香港中银大厦时，就无法解决设计上的难题。贝聿铭1917年生于苏州，1982年在香港回归前承接到香港中银大厦的设计，这座建筑将要建在港湾边的显要位置，成为香港回归的里程碑。贝聿铭先生谈到香港中银大厦的设计时，认为它应该代表"中国人民的抱负"。毗邻中银大厦的香港汇丰银行造价10亿美元，而中银大厦的预算只有1.3亿美元，香港是世界上最繁华的都市之一，要通过标新立异的设计使之成为香港的地标。

香港中银大厦的造型，是一个正方平面对角划成四组三角形，每组三角形节节高升。这四个不同高度的三角柱呈多面棱角，好比璀璨生辉的水晶，在阳光照射下异彩纷呈。又好像竹子节节高升，象征着生机与力量，对于银行而言也暗含着财富的增长。大厦的基座使用毛石装饰，隐喻华夏民族的万里长城永不倒。大厦共有70层，高367米，是香港当时最高的建筑物。

在《贝聿铭传》这本书中，作者写道：在中银大厦的设计之初，业主对贝聿铭先生的设计深表担心，因为建筑立面上出现的很多"×"的形状。在中国，"×"意味着遭殃。古代判死罪的犯人脖子上挂着牌子，他们的名字被打上红色

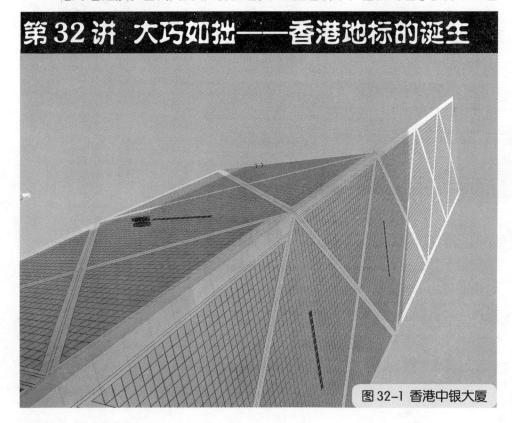

第32讲 大巧如拙——香港地标的诞生

图32-1 香港中银大厦

图32-2 北京西单中银大厦

的"×"。开发商担心这种造型会使大厦的风水不好,甚至会影响储户和房客的心理。在香港风水很盛行,在香港建造一家大饭店时,相信风水的业主认为"龙"喜爱洗澡,要求建筑师在酒店大堂增加几十扇窗户,以便住在这里的龙能顺利游到水中。如果有建筑学知识的人就会知道,建筑立面上的"×"起到建筑抗震的作用,是绝对不可以取消的。贝聿铭先生经过研究,把"×"形的桁架隐藏起来,而特意留的桁架又形成了宝石般的棱角——这种吉利的外形让业主、银行家和政府官员们皆大欢喜。香港中银大厦开业典礼的时间精心选在1988年8月8日,香港居民认为"8"和粤语中的"发"字谐音。

据说,呈多个棱角的大楼有个尖角直指总督府邸,于是有人建议在总督府里对着大厦的位置上种两棵柳树,柳树的形状柔和、圆润,对大楼的尖利角度起"化解煞气"的作用。香港汇丰银行马上也请风水大师指点,在楼顶架起两门"大炮",并把炮口对准中银大厦。香港中银大厦的风水玄机现在已是尽人皆知,同样也是贝聿铭先生设计的北京中银大厦,风水秘密人们却知之甚少。那就是门口的那个大圆罩子,好比我们小时候逮蛐蛐的篓。逮蛐蛐的人都用铁丝编一个半圆的小篓蒙上丝网,一边有把手,看到蛐蛐猛地扣下去准能逮个正着。现在银行界为了吸纳资金,采用各种手段争取储户,这个大圆罩子的用意就是进来的财神都要扣下。

图 33-1 上海东方明珠广播电视塔

第33讲 风水轮转——东方明珠广播电视塔

誉名中外的上海东方明珠广播电视塔上，有个空中旋转餐厅，它坐落于267米高的球体里，傲立于上海之巅，是亚洲最高的旋转餐厅。餐厅营业面积为1500平方米，可同时容纳350位来宾用餐，客人在进餐时还能体会"风水轮流转"的意境。在阿联酋迪拜，将建造世界上第一座可以旋转的摩天大楼，命名为"动态城堡"。该大楼高420米，共有80层，包含办公楼、豪华酒店和高级公寓，建造预算为7亿美元。"动态城堡"将建造80套可以360度旋转的公寓，面积由120平方米～1200平方米不等。大楼旋转的速度非常慢，每个楼层完成360度旋转的时间从1个小时到3个小时不等，人在里面基本感觉不到旋转，大厦的外形就像变形金刚一样充满魔力。

老子说："天长地久，天地所以能长且久者，以其不自生，故能长生。"意思是：天与地能够永存，那是因为天地都没有作为，所以才能长生，体现了唯物主义永恒发展的世界观。按照五行相生相克的思想，道家认为宇宙万物是由金、木、水、土、火五种基本物质所构成，无论改朝换代还是生老病死，都是相生相克的更迭形式。天地在变，人世也要改变，"风水轮流转"体现了"天、地、人、时合一"的世界观。道教中的"风水轮流转"与佛教"六道轮回"虽有异同，不过随着历史的发展，两种文化也在交融。道家认为，人有三魂七魄，三魂各有名称，分别是：胎光、爽灵、幽精；分属天路、地府和墓地，死后各去各所。无论佛家、道教，轮回可以解释为，当灵魂再相聚后的去处。轮回也是生命的历程，按照中国传统的干支纪年法，60年为一个甲子，是天干地支循环的起点和终点，也是人生白驹过隙的瞬间。

武当山小莲峰上建有一座"转运殿"，相传绕殿一圈可转运得福，数百年来，游人都要到此寻乐慕趣。似乎是风水轮流转的观念，让越来越多的建筑也转起来。国外一个名叫"向日葵"的建筑也是一个能转的房子，在建筑的底板下安装了转轮，每天随着太阳东升西落旋转，目的是最大化地接收太阳能。北京的世纪坛也是一个会转的建筑，打破了传统建筑死气沉沉的形态。巴林世贸中心是世界上第一座安装了风力发电机的摩天大厦，在两栋高240米的双子楼中间，悬挂着3个功率120万千瓦的风力发电机组，这些直径29米的发电机能满足大厦15%的电力需求。为了获得最大的能量输出，锥形的楼体之间还设计了一个风道，产生的负压区能吸进更多的空气，这种向内吸的效果能将发电机的转速提高30%。

图33-2 寺庙里寄望灵魂转世的灯塔

庄子讲过这样一个故事：将船儿藏在大山沟里，将渔具藏在深水里，可以说是十分牢靠了。然而半夜里有个大力士把它们连同山谷和河泽一块儿背着跑了，睡梦中的人们还一点儿也不知道。将小东西藏在大东西里虽然适宜，不过还是会丢失，只有把天下藏在天下里才不会丢失。老子说"合抱之木，生于毫末；九层之台，起于累土；千里之行，始于足下。"老庄思想中，大与小、多与少，充满着辩证的智慧，"少就是多"，言简意赅地体现出东方智慧。

　　2010年上海世博会中国馆的建筑设计——东方之冠，形如冠盖、高耸蓝天，制拟斗拱、层叠出挑。设计理念源自中国古代建筑最突出的大屋顶形象，建筑师认为，中国建筑文化源远流长，要用一个抽象的概念来代表文化精髓，必须从浩如烟海的建筑文化中提炼，最后将经典古建斗拱升华为艺术符号，矗立在世博园的"东方之冠"放射出中国古典文化的神韵。

　　大屋顶是传统建筑突出的特征之一，中国传统建筑的屋顶有很多种类：庑殿、歇山、悬山、硬山、卷棚、攒尖、盝顶、单坡、囤顶、平顶、圆顶、拱顶、穹隆顶、风火山墙顶、扇面顶等，多种屋顶造型组合变化让人越看越有味道。屋

第34讲　少就是多——东方之冠　言简意赅

图34-1 上海世博会中国馆——东方之冠

图34-2 北京金代都城遗址上的斗拱造型

顶向上的动势在美学上有一个专用名词，叫"反宇飞檐"，因为屋子是住人的，若屋顶下垂，里边的人就会心里压抑，所以必须要在外形上矫枉过正，因此就在屋檐收尾的地方轻轻向上翘起。因为有了曲线，大屋顶改变了视觉上的沉闷，动感的造型就让人有了"一行白鹭上青天"的联想。

斗拱是支撑屋檐出挑的结构，经典的元素已使结构本身升华为建筑艺术。繁缛的斗拱成为财富、地位和皇权的象征，这种装饰最后被皇帝攫为己有，唐代后期斗拱便不允许在民间使用。斗拱榫卯穿插、层层出挑，将屋顶的重量直接集中到额枋和立柱处，可以增大建筑物的屋檐挑出距离，不仅能保证建筑物不被雨淋，还能让宫殿造型更加优美。构造精巧的斗拱使人产生一种神秘莫测的感觉。虽然斗拱已经无法与现代建筑接轨而告退，但"少就是多"的老庄的思想依然被建筑界奉行。

斗拱不仅起到承托梁架和屋檐出挑的作用，还起到提高建筑抗震的作用，是抗震"功臣"。斗拱是由斗、升、拱、翘、昂组成，拱与拱之间垫的方形木块叫斗，从额枋上探出成弓形的木结构叫拱，合称斗拱。几十个斗形的木块和弓形的枋木相互交接组合，固定在柱头或额枋之上，当地震发生时，这些木块就像弹簧层一样，消耗了地震的破坏力，大大减少了建筑物被破坏的程度。

图 35-1 门形建筑

第35讲 观形察势——门形建筑要注意尺度

风水名著《阳宅十书》指出："人之居处宜以大山河为主，其来脉气最大，关系人祸最为切要。"勘测风水选择人居环境时首先要观形察势，形与势有别。千尺为势，百尺为形，势是远景，形是近观。势是形之崇，形是势之积。"千尺为势、百尺为形"的原则实际上是现代设计中的尺度原则，作为建筑设计者要充分考虑人的视点、视距、视角，从背景环境到微观材料都要创造良好的尺度感，否则人对建筑的感知就会产生混淆，还会影响到城市景观。

因为城门气势威严，门形的建筑自古被人们喜爱，但是把建筑设计成门形，一定要注意尺度，否则会给使用者带来认知上的误会，曹操与杨修的故事起因，就是门的尺度设计不当。"东方之门"位于苏州工业园，整幢建筑分为南、北楼，总高278米，总建筑面积43万平方米。两座大楼顶部相通成为一体，其外观形状像一座大门。"东方之门"恰如紫禁城城门的对称布局，表达了苏州门户的寓意，设计灵感来源于城门并用简洁的几何曲线表现，人们期望这座建筑能成为苏州的标志，可是大楼尚未竣工，有网友认为"东方之门"的造型像一条秋裤。

无独有偶，新疆"飞天女神"造型仅仅摆放了十多天就被拆除。"飞天女神"坐落于乌鲁木齐，它高18米、宽9米、长12.8米，重约40吨，顶部为飞天彩绘，制作的初衷是寓意着对美好生活的向往。然而事情并未像设计者期望的那样，耗时两个月制作完成的"飞天女神"刚一落成，网民纷纷发表评论，对造型评价不高，少数人也担心这么高的"飞天女神"会带来安全隐患。夹杂着各种声音"飞天女神"被"肢解"，人们对此扼腕惋惜。

　　分析上述建筑和景观，因为尺度概念造成人们的误会，所谓尺度就是在不同空间范围内，建筑的整体使人产生的感觉，是建筑物的整体印象与其真实大小之间的关系。它包括建筑形体的长宽高、整体与部分之间的比例关系。讲到尺度时应注意它与尺寸之间是两个概念，尺度不是指建筑物的真实尺寸，而是表达一种关系时给人的感觉，而尺寸是度量单位。高层建筑的尺度相对难以把握，因它不同于住宅，普通住宅人们很容易根据经验做出楼层和高度，高层建筑难以判断的原因是因为，高层建筑物的体量巨大，远远超出人的尺度。因为"飞天女神"设在市区中央，当人以近距离观看时，就会觉得恐怖。美国自由女神像高度将近百米，但是处于海滨，并没有因为尺度被放大而让人感到离奇。

图35-2 门形的框架给建筑增加了气势

老子《道德经》曰："持而盈之，不如其已；揣而锐之，不可长保。金玉满堂，莫之能守；富贵而骄，自遗其咎。功遂身退，天之道也。"这句话是讲，得到的东西已经很多了就不要贪得无厌，金钱再多、地位再高也很难保全。发达富贵往往会"树大招风"，功成身退才是理智的选择。

中国申奥成功后，北京面向全球征集2008奥林匹克公园的规划方案。在设计任务书中，有一个概念性的规划，就是在北京传统中轴线的最北端，要有一对双塔。北京城市中轴线是世界上最长的城市中轴线，从永定门、前门、天安门、太和殿、景山万春亭、地安门到鼓楼和钟楼，中轴线上都曾是北京城最高、最雄伟的建筑。规划部门希望能够在城市中轴线北端有一个标志性的东西，在中轴线的最北端由超高建筑"双塔"带入高潮。中国人自古以来就对于空间和建筑有对称的情结，鸟巢与水立方就是沿着中轴线左右分列。与唯我独尊的独立塔楼相比，中轴线两侧建双塔意味着对话、交流、共存、平等。

世界各国都有"双塔情结"，1996年吉隆坡上空傲然崛起的石油大厦双塔，它在建筑形式上融入了穆斯林的观念，庞大双塔给马来西亚带来民族的振奋，

第36讲 高不胜寒——奥运双塔 终被取消

图36-1 吉隆坡双塔

在城市各处都能看到这个巨大的身影让吉隆坡换了天地。从双塔对天际线的勾画也比单塔更占优势。双塔形成的空间给城市带来方位感，双塔遥相呼应从空间控制感觉来说，比单塔看上去更美。在众多的投标方案中，中轴线末端建设两座高500多米双塔的方案给人留下深刻印象。奥运会主办方也曾宣布将在奥运村中心建北京"双塔世贸中心"。

但是，规划设计的美好理想与现实存在差距。2001年9月11日，美国发生了9·11恐怖袭击事件，高417米高、110层的纽约世贸中心双子塔在烈火中轰然倒塌。

图36-2 上海金茂大厦和上海环球金融大厦的双塔组合

这件事的发生影响到奥运的规划决策，双塔方案最终被取消。因为对超高建筑来说，突发事件的杀伤力远远高于一般建筑，超过300米的超高层建筑，可能容纳数万人，若发生事故，人员疏散极其困难。据实验，若是高度超过300米的建筑发生紧急情况，要花9个小时才将楼内的全部人员营救出来。9·11事件后的两年，纽约公布了将耗资15亿美元，在世贸中心遗址上重建"自由塔"，消息一经公布，"自由塔"安全性便受到质疑，建筑摧毁了可以重建，但精神上的伤口却很难愈合。

1984年-1990年
1924年-1930年

图 37-1 北京白云观内供奉的六十甲子神

第37讲 长生不老——福禄寿星大酒店

　　道教创造了福、禄、寿三星的形象，满足人们长生不老的心愿。此外，道教诸神中还有六十甲子神，六十甲子神也称太岁。负责掌管本岁的人间祸福，他们"率领各神，统正方位，斡运时序，总岁成功"。太岁共有六十位，由斗姆元君统御，按天干地支配列。

　　北京一个旅游景区，建筑师利用天衣无缝的建筑工艺，通过彩塑福、禄、寿三星，给旅游项目创造了人文景观。把中国的神仙人物如此形象的设计，实在是前无古人。这座令人震惊的庞然大物，高41.6米，形象逼真、造型独特、气势恢弘，是我国目前独一无二的人形建筑，也是世界首创，已申报吉尼斯世界纪录。这座世界最大的象形建筑是一家功能齐全的大酒店，酒店共有10层，其间分布着标准间和高级套房，客房都在三位寿星老的身体里，有电梯和人物背部的走廊相连接。最有趣的是，寿星手里的寿桃也是一间客房，而且最被客人青睐。每当客人来到三位巨人前，都要拍照留念，他们是给人间带来大福大寿的神仙，这家酒店一年四季顾客盈门。

　　古人按照长生不老的意愿，赋予福禄寿星非凡的魅力。长生不老起源于道家的神仙崇拜，人们常用"福如东海，寿比南山"来祝愿长辈幸福长寿，"三星高照"就成了一句吉利语。福星手拿一个"福"字，禄星捧着金元宝，寿星托着寿桃、拄着拐杖，另外还有用蝙蝠、梅花鹿、寿桃的谐音来表达福、禄、寿的含义。在道教的这三个寿星里，福星象征能给大家带来幸福、希望。福星的起源很早，据说唐朝时期一个州郡出侏儒，历年选送朝廷作为皇帝的玩物。唐德宗时，这个州郡的刺史拒绝了皇帝征选侏儒的要求，并废除此例。当地人感其恩德，遂祀为福神。禄星掌管人间的荣禄贵贱，在民间往往借财神赵公明的形象来描绘他：头戴铁冠，黑脸长须，手执铁鞭，骑着一头老虎。

寿星又叫老人星，古人认为老人星主管君主和国家寿命的长短，是长寿的象征，可给人增寿。寿星又称南极仙翁，也是由一颗星辰转化而来的，秦朝统一天下时就开始在首都咸阳建造寿星祠供奉寿星。早在东汉时候，民间就有祭祀寿星的活动，并且与敬老仪式结合在一起。祭拜时，要向七十岁上下的老人赠送拐杖。由于道教养生观念的融入，也使寿星形象发生相应的改变，最突出的要数他硕大无比的脑门儿。山西永乐宫壁画中的寿星，可能是存世最古老的寿星形象。在壁画上诸多神仙中，人们一眼就能将他认出，就是因为他的大脑门儿。寿星的大脑门儿与古代养生术所营造的长寿意象紧密相关。比如丹顶鹤的头部就高高隆起，再如寿桃是王母娘娘蟠桃会上进贡的长寿仙果，传说是三千年一开花，三千年一结果，食用后可以长生不老。正是因为这些长寿意象的融合，最终造就了寿星鹤发童颜、精神饱满、前额突出、慈祥可爱的形象。

图37-2 福禄寿星

老子说"人之生也柔弱，其死也坚强。万物草木之生也柔脆，其死也枯槁。故坚强者死之徒，柔弱者生之徒"的意思是：人活着的时候身体是柔软的，而死亡后身体反而是坚硬的。草木万物活着时也是柔软的，而死亡也是枯槁僵硬的。由此看来，个性刚强的人会受挫而死，柔和圆滑才是生存之道。

刚柔之道是道家修身的原则，如今在高层建筑抗震上普遍运用。上海金茂大厦高度420米、88层，是上海浦东的标志。起初设计，建筑的顶部是一朵莲花的造型，业主和高层人物并不满意。莲花是佛教艺术经常见到的象征物，莲花与佛教有着不解之缘，因为它与释迦牟尼的许多传说联系密切。传说，佛祖释迦牟尼一出世便站在莲花上，释迦牟尼觉悟成道后，起座向北，

第38讲 以柔克刚——金茂大厦抗震法宝

"观树经行"绕树而行，一步一莲花，共18莲花，每当释迦牟尼传教时坐的是"莲花座"。

然而莲花的造型寓意和建筑的地理位置所在并不贴切，古人认为在河里时常有妖孽兴风作浪，要在河边修建宝塔震慑，固有"宝塔镇河妖"之说，最后将位于黄浦江畔金茂大厦的顶部改为宝塔的造型。为了体现宝塔层檐的意象，金茂大厦顶端要有出挑的设计，这种出挑人在地面上看并不明显，可是在建筑的顶端实际是很大的。金茂大厦建在上海陆家嘴黄浦江旧河滩上，地质

图 38-1 金茂大厦鸟瞰

条件差，当地震发生时会有很强烈的"鞭端效应"。所谓"鞭端效应"是指地震发生时在地面产生几毫米的位移，到了420米的高度，这种位移就可能放大几十倍，给建筑造成极大破坏。

绝大多数高层建筑都使用钢结构，就是因为钢结构柔韧性能好，以柔克刚的抗震手段源自中国木结构古建，山西应县木塔即为首瞻。山西应县木塔建于辽清宁二年(1056年)，千百年来经历过多次地震仍然傲然屹立。据史书记载，在木塔建成200多年后，当地曾发生过烈度为6.5级的地震，余震连续7天，木塔附近的房屋全部倒塌，只有木塔岿然不动。木塔之所以有如此强的抗震能力，其奥妙也在于独特的木结构设计。木构架中所有的节点都是榫卯结合，具有一定的柔性。木塔从外表看是五层六檐，但每层都设有一暗层，实际是九层，通过柱、斗拱、梁枋的连接形成一个柔性层，暗层则在内柱之间和内外角柱之间加设多种斜撑梁，加强了塔的结构刚度。这样一刚一柔，能有效抵御地震破坏力。

图38-2 山西应县木塔

第39讲 盖天学说——方圆大厦 取象于钱

《易经》上讲"方属地，圆属天，天圆地方"。这种观点是我国"盖天学说"的最早雏形。我们知道，北京的天坛建筑是圆形的，而地坛的建筑是方形。天安门的门洞是圆的，但地安门的门洞是方的。从陕西出土的"秦铜车马"也可以看出这种理念，车体是典型的圆顶方身，中国历代铸造的铜钱几乎都是外圆内方。北京道教圣地白云观内有一座桥洞，桥下无水，取名"窝风桥"，"窝风"是为了将财气凝聚于此，桥洞两侧各悬挂直径将近一米的两个大钱，"打金钱眼"让游人乐此不疲，每逢节假日"窝风桥"下堆积起的钱币仿如金山。香客游人到此用铜钱、硬币投向金钱方孔，钱孔内挂一铜铃，投中者必敲响铜铃，清脆一声寓意从此一年诸事顺利，平安吉利。

沈阳方圆大厦是一座古钱币造型的建筑，大厦立面以"外圆内方"为造型，借此预示入驻大厦的业主财源广进、事业发达。建筑面积48000平方米，建筑高度约100米，共24层。是一座集国际化金融、商务、办公于一体的专业化5A级写字楼。大厦内部采用三段挑空空间结构，最高挑空高达25米，置身于此，仰视苍穹给人以荡气神怡之感，颇有美妙天堂的意境。

海尔集团根据"内方外圆"的文化，提出"思方行圆"的企业文化。企业文化是一个组织由其价值观、信念、处世方式等组成的其特有的文化形象。西方学者把企业文化分为不同的类型：有强人型企业文化、官僚型企业文化、家长式企业文化等。在"思方行圆"的企业文化中，"方"是为人之本，要正直如山、诚实守信。"圆"是处世之道，在人与人的合作交流中，常怀感恩，和谐相处。海尔集团的办公楼的造型也寓意"思方"。"思方"指大楼的外观是四方形，体现其原则性；"行圆"是楼顶呈圆顶，象征着灵活性。大楼外有4根通天大柱，象征一年四季；大厅内有12根柱，象征12个月；主楼周边建有24间厂房，象征中国农历的24节气；大楼表面有365块玻璃，象征一年的天数，呈现出老子"天人合一"的思想。

"内方外圆"是道家精辟的处世原则，"方"是原则、正直和信念的学问；"圆"是圆融、通变和趋时的学问。"内方"表明了坚守理想、坚不可摧和百折不挠；"外圆"则表明了善于协调、减少阻力和化解矛盾。"方"是做人要正气；"圆"是做人要大气。识人要方，用人要圆。方在内、圆在外，表示我们为人处世要大度圆融、方便别人；但内心坚守原则，追求人生梦想奋斗不息。内方外圆、取象于钱，是刚柔相济的处世哲学，道家思想尽在其中。

图 39-2 北京白云观"窝风桥"

79

老子说："曲则全，枉则直"，意思是说：委屈应变则能求全，懂得绕行则能直达。解构主义建筑代表人物——美国建筑师艾森曼认为：解构主义的精华是"绝对的取消体系"，运用"扭曲、散乱、不稳定"的手法设计建筑。从解构主义风格的作品可以看出，解构主义建筑最突出的特点是失稳的状态，打破根基牢固的建筑法则。解构主义运用分裂、片断、缺失、扭曲、变化和反常规的构图手法建造出一个个地标性建筑。一些行为学者做过一个实验，让非专业人员根据自己的印象和记忆，描画一张城市的地图，一般情况下，只有城市的标志性建筑和特色街道才会被非专业人员描绘出来。北京CBD最具吸引力的莫过于中央电视台新址，像几块巨大的积木搭在一起，奇特的造型带来了相当的冲击力和震撼力。美国《时代》周刊评选出2007年世界十大建筑奇迹，中央电视台总部大楼名列其中。

中央电视台总部大楼造型奇特，主楼的两座塔楼双向内倾斜6度，在163米以上由"L"形悬臂结构连为一体，大楼主体钢构网架格暴露在建筑最外面，而不是像大多数建筑那样深藏在钢筋混凝土里，显示出力与美的结合。建筑外表面的玻璃幕墙由不规则的几何图案组成，外观新颖，被称为"好看难建"的大厦。

第40讲 寄直于曲——中央电视台的震撼

图40-1 中央电视台大楼

第五篇
住宅规划与住宅设计

41.秦朝一个宫殿很高，中途要休息三次才能到达顶点，高台建筑为何让人乐此不疲。

42.影壁虽然豪华，只是构筑物不是建筑物，构筑物与建筑物的区别在于是否有人居住。

43.众生追求的"洞天福地"并不遥远，如果你懂得这种意境就能找到梦想的家园。

44.在风水学里"气"宜聚不宜散，尽端式道路符合风水学曲径通幽的讲究。

45.古代帝王统治国家也称"南面之术"，建筑坐北朝南有政治文化背景和民俗的渊源。

46.按照太极八卦原理，无论是场地的大小都是一个太极图形，住宅区追求空间美学。

47.风水学最讲究和谐，针对一些不和谐的环境问题提出"形煞"的概念。

48.Town house虽然是舶来品，却符合"守中致和"的理念，好比一个弄潮儿站立在潮头。49.为保证建筑日照，楼与楼之间有最小间距的规定，这与风水"过白"的要求相似。

50.社区要实现精神上的归属与内心的平安，不仅要遮风避雨，更能陶冶情操、宁静志远。

图41-1 建筑每层逐渐向内收缩，显得高大

第41讲 高台近仙——台阶提升住宅气势

历史上想长生的皇帝不胜枚举，秦始皇、汉武帝、唐太宗、明嘉靖皇帝等都是比较出名的，这些皇帝信奉道教，宫殿也要有高台近仙的追求。自大唐建立以来，道教就被尊为大唐的国教。晚年的唐宪宗沉迷于道教，开始追求长生不老，壮观的三清殿成为大明宫里最高大的宫殿。大明宫的北部有一座壮观的道教建筑——三清殿，它坐落在一个十四米高的夯土台上。

《史记·秦始皇本纪》中记载："秦每破诸侯，写仿其宫室，作之咸阳北阪上，南临渭。自雍门以东至泾渭，殿屋复道周阁相属。"这段话最后一句指出，秦始皇修建的宫殿都是建造在高台上的，需要用高架通廊相联系。唐代诗人杜牧在《阿房宫赋》中也写道："复道行空，不霁何虹。"描写的就是宫殿之间的楼梯纵横交错的结构形式，上耸云霄是秦始皇"高台近仙"的追求。这些高台建筑之间架有高架的"阁道"，以免上下之劳苦。秦咸阳宫一号殿址，西汉未央宫前殿遗址也是建在高台上。秦朝有一个宫殿称为"三休台"，台高10丈，台宽15丈，拾级而上，中途要休息三次才能到达顶点，故称"三休台"。当年一个叫秦舞阳的青年要与荆轲一起刺杀秦王，在攀登咸阳宫的台阶时被建筑的气势吓倒，摔在宫殿的台阶上，有气势的建筑具有震慑力。

考古证实，龙山文化遗址就出现了高台建筑的雏形。战国后期各诸侯国的宫室大多建在高台上，受到君权神授的影响，从秦朝起后世统治阶级非常重视"筑高台、美宫室"。高台建筑以夯土台为基础，外观宏伟，满足宫殿建筑威仪天下的需求。高祖刘邦经过几年征战，终于完成统一大业，命令相国萧何建设新都城长安。新都建成后，皇宫修得富丽堂皇、雄伟壮观。刘邦见到金碧辉煌的皇宫，觉得太过奢侈，十分生气。萧何说：皇上以四海为家，宫室修得庄严雄伟，可以使四方臣服，非壮丽无以重威。

如今在别墅设计时，为了提升建筑整体的气势，最常见的方法就是修建台阶。从审美的角度来看，体量大的台阶有非常强的视觉冲击力。室外台阶不像在室内空间有限，可以设计一些过渡、转折的平台再装饰栏杆扶手，台阶就变成了一道景观给人审美的惊喜。设计台阶要注意三大要素：阶高、阶宽和阶数。"阶高"舒适的高度是15厘米，每一层台阶的深度叫"阶宽"，宽度是30厘米。别墅室外台阶材料的选用可根据建筑物的整体风格选用混凝土台、原木或石头，台阶旁还应布置照明灯以便晚上使用。

图 41-2 高台别墅显得有气势

风水古籍《水龙经》一书指出"直来直去损人丁。"意思是说室内外空间的设计不要直来直去，否则会对人有不利的后果。这种思想是从安全、隐私和伦理角度出发的，对古今建筑都有很大的影响。在这种理念下产生了四合院的影壁，影壁在南方称为照壁又称"萧墙"。旧时人们认为在夜间会有鬼试图进入自己宅中，如果是自己祖宗的魂魄是欢迎的，如果是孤魂野鬼溜进宅子就会给家人带来灾祸。有了影壁，野鬼看到自己的影子就会被吓走。影壁还有遮挡视线保证隐私的功能，在白天即使大门敞开，外人也看不到宅内情景。影壁虽不是房屋主体但设计巧妙、施工精细，起着烘云托月、画龙点睛的作用。

独立影壁最为常见，豪华独立影壁的下部常有须弥座，上部是瓦顶，影壁心有绘画和砖雕的装饰手法，内容题材包括：凤凰牡丹、荷叶莲花、松竹兰梅、连年有余、人物故事等等。还有一种形式的影壁称作"撇山影壁"，这种影壁的大门要向里退几米，在门前形成一个小空间，可作为进出大门的缓冲之地。在"撇山影壁"的烘托陪衬下大宅门显得更加富丽堂皇。

第42讲 影壁萧墙——现代消防的奠基石

图 42-1 在故宫里，几乎每一座院落都设有极其讲究的影壁

图42-2 丽江古镇江南风格的影壁

四合院中影壁的作用，在现代建筑中演变成为"前室"的功能。"前室"在建筑学里是指主要功能空间前面的一个过渡的空间。风水学认为厕所门冲着厨房门会有不良影响，厕所为浊气聚集之处；厨房为炉灶煮食的地方，属于燥火聚集之气。浊气与燥火两股未调和的阴阳之气相对时对家人不利，事实也是这样，厨房的油烟和卫生间的湿浊空气都会影响人的健康。在《现代住宅设计规范》中，从卫生的角度规定，卫生间与厨房不能相对布置，不得已时卫生间要有前室。

影壁萧墙的功能在现代高层建筑中也留下印记。高层建筑的管道井、风道、电缆井等竖向井道多，一旦发生火灾如果防火分隔处理不好，就成为火势迅速蔓延的途径。消防前室设于消防电梯出口处或防烟楼梯间进口处，这种前室主要是出于消防的需要。火灾时可将产生的大量烟雾在前室附近排掉，防止烟气进入楼梯间，以保证人员疏散和消防队员扑救火灾，"影壁萧墙"这种东方文明成为现代消防的奠基石。现在很多大型超市开在大厦的地下室，您不妨仔细观察，当滚梯和楼梯合在一起时，在滚梯四周有可以封闭的卷帘，一旦火灾发生卷帘就会放下，防止烟气进入疏散楼梯间。

图 43-1 用建筑设计形成封闭的社区

第43讲 洞天福地——封闭住宅区的特色

老子说："有物混成，先天地生。寂兮寥兮，独立而不改，周行而不殆，可以为天地母。无，名天地之始；有，名万物之母。"又曰"人法地，地法天，天法道，道法自然。"道家思想以自然主义哲学和自然美学为指导。道家思想的核心是"道"，认为"道"是宇宙的本源，老子的思想是对宇宙、对生命的敬畏。道之所以被尊崇是因为它对万物生长不加干涉，万物兴发能顺其自然，这才是最深厚的德。老子的无为是要遵循自然规律，不将个人意志强加于自然，这才是真正的无为。

道家"仙境"指神仙居住和修炼的地方，也是众生追求的"洞天福地"。传说中有天宫、十大洞天、七十二福地、王母的昆仑瑶池、太上老君的琼台等等。古人想象"洞天福地"是山清水秀、瑰丽奇异、景观别致的地方，于是就有了秦始皇堆蓬莱山、汉武帝建太液池，后世人们把对神山的幻想变为现实山水的改造，道家的仙境也由虚幻世界转为现实名山大川。

古人探寻"洞天福地"或是寻访传说中的仙人，或是发现自己理想中的世外桃源。然而传说的仙境在现实当中难以寻觅，陶渊明在《桃花源记》中生动地创造了这样的情景："晋太元中，武陵人捕鱼为业。缘溪行，忘路之远近。忽逢桃花林，夹岸数百步，中无杂树，芳草鲜美，落英缤纷。渔人甚异之，复前行，欲穷其林。林尽水源，便得一山，山有小口，仿佛若有光。便舍船，从口入。初极狭，才通人。复行数十步，豁然开朗。土地平旷，屋舍俨然，有良田美池桑竹之属。阡陌交通，鸡犬相闻。其中往来种作，男女衣着悉如外人。黄发垂髫，并怡然自乐。"这种恬淡的生活境界，体现了人们对田园生活的向往而被后人咏叹。《桃花源记》表达了武陵人穿越时光隧道，找到洞天福地的梦境。《桃花源记》对现代房地产开发产生很大的影响，目前全国有多个小区都以"桃花源记"或者"桃花源"命名。

随着后工业文明时代的来临，社会面对着日新月异的改变，高速的生活节奏让人与自然、与社会存在着不同程度的危机。人们为了避开现实世界的喧闹，努力寻找着内心的平静与安详。一些身处闹市的住宅区，采用建筑封闭的社区，创造"洞天福地"的意境，消除外界社会的喧嚣，门洞式大门让人感到别有洞天的境界，给业主创造相对安静的社区环境。

图43-2 开放式的社区不利于人们居住

在风水学里"气"宜聚不宜散，所以好的风水布局要藏风聚气，而曲折幽闭的环境能够让"气"聚拢。所谓"尽端式"道路就是俗话说的"死胡同"，这种路符合风水学曲径通幽的讲究。生活中每个居住区都要有安静的生活，道路设计成"死胡同"，能防止社会车辆破坏小区的生活氛围。

在早些年，大城市周边刚开始房地产开发时，卫星城的居民还能感受到田园气息。可是随着开发的过度膨胀，一块块绿地逐渐消失在视野中，取而代之的是一条条大马路。中国小城镇建设中普遍存在着误区，就是模式盲目克隆大城市，小城镇建设过程中片面求大、求宽、求洋，热衷开大马路，往往造成街道尺度比例失调，大马路让小城镇失去世外桃源的情调。美国有个住宅区山地叫"九曲花溪"，道路设计得曲折蜿蜒，成为一个特色景观。

有这样一个小镇，是一个大城市的卫星城。这种小镇也叫"睡城"——白天人们出去上班，晚上回来睡觉，原本非常温馨。小镇的公路宽7米，两侧自行车道3米，这种机动车与非机动车分开行驶给人安全从容的感觉。随着城市房价的高涨，人们都来这里买房，有城铁、高速路出门很方便。大多数人的想法是即便

第44讲 曲径通幽——尽端式的道路设计

图 44-1 美国九曲花溪

图 44-2 社区自行车出入口设计

上班距离远了些，却能躲开城市的喧嚣。可是好景不长，当地规划部门看到买房的人多了，就投资把小镇的路彻底改造了，把路中间和路两边的绿化带全拆了，小马路变成20多米宽的大马路。改造以后机动车纷至沓来，发动机的噪声、嘈杂的喇叭声彻底改变了这个小镇的宁静。

我国噪声标准 单位：分贝

	昼	夜
卧室	< 40	< 30
客厅	< 45	< 35
居民区	< 55	< 45
交通沿线	< 70	< 55

实验发现，将小白鼠置于50分贝的声环境中，小白鼠表现为惊恐不安，持续时间5小时，有1/3的小白鼠死亡。可见噪声对动物的生存有着明显的影响，且噪声越高，持续时间越长危害越大。噪声对人的健康水平的影响是显而易见的，当噪声水平为30分贝时，会干扰人的正常睡眠；当噪声高于50分贝时，会影响语言交流，令人极为烦躁不安，使人心率加快，血压升高。这是因为动物在惊恐不安的环境中，机体会释放对血管紧张素这种物质，作用于大脑产生的一系列应激反应所致。噪声会使人们的注意力降低，应激反应能力及记忆力减退，工作学习注意力不集中。

图 45-1 住宅平面扭转了45°，达到抢阳的效果

第45讲 南面之术——住宅朝向的渊源

《周易》上讲："圣人南面而听天下。"古代帝王统治国家也称"南面之术"。受到地理气候的影响，北半球的房子大多数是坐北朝南。有这样一首歌谣"何知人家有福分，三阳开泰直射中，何知人家得长寿，应天沐日无忧愁；何知人家贫又贫，背阴之地是寒门。"坐北朝南是人居健康的需求，万物生长靠太阳，无论何时人们都非常重视住宅的日照。古代宫殿等级的高低，日照与采光的好坏也是重要标志之一，据史料记载，雍正皇帝在登基后移居养心殿，养心殿地位骤然上升，配套装修很快跟了上来。为了改善养心殿的日照与采光，它成为紫禁城中第一个装上玻璃的宫殿。清宫内务府造办处《活计档·木作》记载"雍正元年，十月初一日，有谕旨，养心殿后寝宫，穿堂北边东西窗安玻璃二块。"当时，玻璃是非常稀罕的物件，全部依靠海外进口。

世界上任何民族的文化，关于方位都有自己独特的看法，东方是太阳升起的地方，象征着新生，西方是太阳落下的地方，象征着死亡。在八卦中，乾卦在南，属阳、属正，这个观念沿袭到住宅上，房屋的建造要符合八卦之位，人们称北房为正房。正房主要是冬暖夏凉、采光好，顺从大自然之法则，是天人合一的

90

最佳选择。但是在有些情况下，受到场地的限制，房子不能坐北朝南时，就要看哪个是主要矛盾，哪个是次要矛盾。上班族买房可以选择朝东的户型，太阳一升起赶快起床，而老年人最好选择朝西的户型，在夕阳西下的时候还能得到不少的日照，减少傍晚的寂寥。

（图45—1）这个楼盘因为开发用地前面有建筑遮挡，于是就把房屋平面都扭转了45°，达到抢阳的效果。这种户型不符合风水坐北朝南的观念，在销售初期遇到了阻力，后来通过科学的解释打消了购房者的顾虑。

晒太阳可以延缓衰老，其中起作用的是维生素D。研究显示，人体内维生素D水平较高者比维生素D较低者的机体平均年轻5岁左右。人体所需的维生素D，其中有90%都需要依靠晒太阳而获得。据研究，每平方厘米皮肤暴露在阳光下3小时，可产生约20国际单位的维生素D。维生素D也因此被称为"阳光维生素"，它可以帮助人体摄取和吸收钙、磷。晒太阳还能够增强人体的免疫功能、增加吞噬细胞活力。日光在调节人体生命节律以及心理方面也有一定的作用，因为晒太阳促进人体的血液循环、增强人体新陈代谢的能力、调节中枢神经，从而使人体感到舒展而舒适。

图 45-2 这种住宅户型平面没有偏转45°，只是将窗户偏转45°，起不到抢阳效果

风水讲究："一层街衢一层水，一层墙屋一层砂，门前街道是明堂，对面屋宇为案山。"风水的诉求是为了创造一种空间归属感。现在住宅区规划，场地从大到小分割，从小区到组团，目的是让住户从空间上形成归属感，同时便于识别自己的家在小区中的具体位置，一般十几万平方米的小区，分成5～6个组团。在房地产开发中常常遇到开发用地不完整的情况，风水对于建筑用地的形状有很大的讲究，如果住宅区建设用地缺角，就要通过设计来"培龙脉、补风水"。

（图46-1）这个住宅区的土地为三角形本身并不完美，在做总图布置时，为了调整风水适应场地，共设计5种楼型。①排头的两座塔楼设计成飞翼对称形状，像领头雁一样有气势，抵消所谓的"路冲"。②为了提高容积率，西侧5栋高层塔楼中，中间的3栋是塔楼与板楼结合，依照"顺山顺水"的理念，楼体一个面与道路平行，以道路确定"坐向"，靠社区里侧一个角将户型平面旋转45°争取更多的日照，还能让这条轴线上的建筑形成节奏韵律变化。③东侧南面3栋多层。④东侧北面3栋高层。⑤中间1栋中高层。从低到高的7栋板式住宅形成高低错落的空间序列，北侧形成"靠山"，通过安排3栋低层板楼形成视线通道，避免全部是高层造成视觉拥堵感。

第46讲 太极空间——居住区要有归属感

图 46-1 消除三角形土地的弊端

图46-2 调整形状不规整的土地

　　风水认为一切空间都是太极，当住宅区的场地不规则时要通过建筑来协调，实现太极空间的完整性。（图46-2）这个居住区的用地并不是完整的一块，东北方缺角而正东方场地突出，按照九宫八卦原理，完美的居住区要形成一个太极图形，如果场地出现缺角必然影响对应的气场，这就需要后天弥补。风水讲究：气乘风则散，界水则止。为了调整开发用地零散的缺陷，在设计中采用水的意念来统筹。

　　这块土地的西侧为一排公共建筑，中间部分地块相对比较完整，由20幢30层左右的高层板楼组成，而东侧多出的一块土地。安排有学校和4幢高层住宅。设计时把居住区的建筑看成一条河流，所有高层住宅都像水波一样蜿蜒曲折，取财源滚滚之意。中国的河流都是由西向东流淌，学校在场地的东北，是八卦"艮"的位置，古代的文峰塔就在城市的东北角，取意为上风上水之地。为了防止布局过于轻浮，在水的中间设计了6根"定海神针"，这6根"定海神针"为点式住宅，用外面的高层住宅锁住中心之气，满足风水里的"乘气说"。"定海神针"从低到高螺旋式排布，形成螺旋式上升运动的气场，从空间布局形成有归属感的空间。风水理论既注重"形"，更重视"神"。即便场地不十分理想，布局合理也能形神兼备。

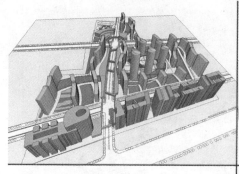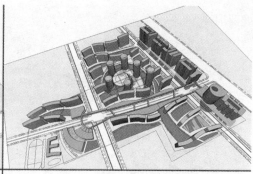

图 47-1 住宅区布局的形式美

第47讲 玄同世界——风水形煞的实质

老子说："和其光，同其尘，挫其锐，解其纷，是谓玄同。"老子认为，世间万象，各自独立存在，彼此存在着矛盾。而万物的发展，又构成和谐统一，这就是协同的玄妙。老子用"和"这一个字揭示了天地万物共同的发展规律，"和"就是和谐。风水学最讲究和谐，针对一些不和谐的环境问题提出"形煞"的概念，比如说"廉贞煞"是指建筑背后的靠山寸草不生、怪石嶙峋。"剑锋煞"是指呈锐利三角形的建筑如同剑锋，易出血光之灾。"单耳煞"是指房屋主体旁边有一幢小房屋，另外一侧没有。还有如"困字屋、龟头、燕尾、棺材屋"等。风水"形煞"带来的耸人听闻的危害，目的是给人提出警示。

建筑审美心理学，是建筑美学与人意识中审美体验之间的关系。古人称之为"祥瑞之气"，建筑的祥瑞之气要有特殊的技巧表达。台湾的101大厦的建筑造型来源于佛塔，当代建筑师希望建筑设计的形式与使用性质结合，建筑表现的意象被公众理解，与社会大众有共同语言。

古人为了追求和谐，对谐音特别有讲究。皇帝朱棣建陵时，选定一处山水宝地叫屠家营，因"朱"与"猪"同音，猪进了屠家定被宰杀，犯地讳而被否决；第二处风水宝地因山后面有村叫"狼口峪"，猪身旁有狼就更危险，此处也被否决；第三处燕家台，"燕家"与晏驾相谐音，有催命之嫌而再次被否决。风水学追求心理暗示作用，大明宫有十一座宫门，开关宫门的制度很严格，必须核对门契。门契分为两半，一半在宫中保存，另一半由门官掌握，两半契合才能打开大门。门契刻成鱼形有特定的含义，在古人看来，鱼白天黑夜从不闭眼，警惕性最为可靠。

支离破碎不是美的元素，一家装修公司给客户设计了一套方案，设计师用冰裂纹作为基本元素进行室内设计，在柜子、屏风等很多地方都安排了这些元素，这种设计从风水学角度来说就不好。冰裂纹有碎的暗示，在家庭装修上用这个元素，不就是在暗示着家庭破碎吗？过去小孩摔坏东西，身边的人赶快说"岁岁平安"，就是为了安慰自己，矫枉过正。人们心里都希望完美的家庭和事业，不喜欢破碎的东西。浙江龙泉两兄弟烧瓷，分别叫哥窑、弟窑。弟弟出于嫉妒，将冷水泼入哥哥的窑中，引起瓷器产生冰裂纹，反而使哥窑出了名，不良动机使瓷器裂纹失去祥瑞之色，除非是瓷器收藏爱好者，家中尽量不要摆放哥窑瓷器。

图 47-2 用沉船做鱼缸内的装饰形成不好的气场

守中致和是道家的内炼术语，关于"守中"在《周易》乾卦的爻辞里解释为"保和大和，乃贞利。"守中的原则是：不偏不倚，不大不小，不高不低，至善至美。《管氏地理指蒙》论穴指出："欲高而不危，欲低而不没，欲显而不彰，欲静而不幽"。守中的居住原则早在先秦时就已产生了。《吕氏春秋》指出："室大则多阴，台高则多阳，多阴则蹶，多阳则接，此阴阳不适之患也。"而阴阳平衡就是守中。

　　Town house虽然是舶来品，可是在近年来的全国房地产开发热潮中好比一个弄潮儿站立在潮头，今天我们用风水的理念解读这种有天有地的住宅的优点。Town house住宅是一家同时拥有一层、二层、三层这三个空间，在普通楼房中，如果是面积大的房间容易出现的家庭成员之间的相互干扰，在Town house住宅里通过立体空间得以解决。厨房、客厅在一层；夫妻的主卧在二层；书房、儿童房在三层。夫妇住在中间，反映出"守中致和"的文化。这与北京四合院一样，同样体现了伦理观念，四合院前院为第一个层次，垂花门界定为第二个层次，后院正房界定为第三个层次。Town house在竖向的立体空间里同样实现了家庭中的私密需求。

第48讲 守中致和——Town house的风水

图48-1 由6户组成的Town house

图48-2　Town house客厅及内院

　　Town house的风水文化特色之一：下接地气。在阳宅风水中纳气之说最为重要，主张"生气乃是第一意义"。人体健康离不开地气，多层与高层住宅没有地气，Town house每家一层有独立的花园入口，这就能引入地气。"气"为风水文化精髓，《阳宅元髓经》曰："阳宅之道，关乎人生休咎，是以门户辨阴阳之路，有气者无不兴隆发达，诸事吉祥，和乐融融，马到功成。"地气其实是指生活环境，由空间位置、视觉感官、方便出入等多种条件综合而成。住在高层住宅里没有地气，处在空中楼阁也会对人们的心理产生负面作用，往往会影响健康、诱发疾病。

　　特色之二：上通天灵。多层住宅的顶层没有露台，因为在高18～20米的空中不仅风大，也有安全的隐患。而三层Town house每家每户都有露台花园，露台在风水学里代表明堂，家庭住宅如有露台代表财运亨通，是极好的风水。人来到露台纳凉或看风景能吸纳天灵，感受大自然的朝晖夕阴。

　　特色之三：阴阳相济。阴阳原指日照的向背，向日为阳，背日为阴。在《易经》中表示事物相互对立和消长的状态——"一阴一阳之谓道"。人也是由阴阳二气派生而来，人要适从于阴阳才能生生不息。在Town house住宅中，南北两侧都有卧室，冬天住在向阳一侧，夏季换到背阴的一侧，在星移物转中体会到阴阳相济的哲理。

图 49-1 "过白"的意境

第49讲 阴阳平衡——"过白"与日照间距

老子说："万物负阴而抱阳，冲气以为和。"冲气就是指阴阳的结合，风水学认为阴阳变化有四种关系：太阳、少阳、少阴、太阴。太阳直射的地方称为"太阳"，偶尔照到太阳的地方为"少阳"，无日照、有采光的地方为"少阴"，没有采光的地方为"太阴"。"阴阳之道"是宇宙间的根本规律，阴阳平衡才能"天人合一"。阴阳的关系无处不在，尤其是人居之处最讲究阴阳，没有日照的房间会影响到人的健康。

传统建筑中讲究"过白"，"过白"就是当人站在后厅神龛前向南看，在自己的视线里，能从前面一排建筑屋脊上将部分天空纳入视野，看到的天空就是所谓的"白"。古人测量"过白"的高度一般在神龛、香炉的位置，这是因为神龛、香炉被视为人与天联系的纽带。从审美来看，纳取一线蓝天使视野中的景物舒展。蓝天的多少不仅仅是审美的需要，还关系到后排房屋的日照。不仅院落的设计，诸如牌坊、门楼等建筑群，在轴线上都有"过白"的构图手法。"过白"这种审美经验，体现着阴阳平衡的思想，这种营造方法也保证了建筑之间的日照间距的需求。

如今城市住宅开发用地非常紧张，但是住宅楼与楼之间，还是要保证有一定的距离，这就是"日照间距"。在建筑设计规范里"日照间距"指前后两排南向房屋之间，为保证后排房屋在冬至日，底层住宅获得不低于两小时的满窗日照时间而保持的最小间隔距离，这与风水文化里"过白"的要求相似。

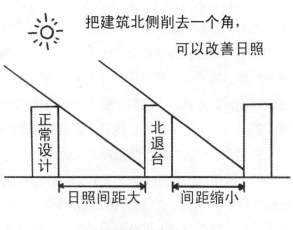

把建筑北侧削去一个角，可以改善日照

正常设计

北退台

日照间距大　间距缩小

日照间距示意图

北京的日照间距是1:1.7，郑州的日照间距1:1，广州冬季不需要日照则没有日照间距的要求。"过白"的手法在今天调整住宅区日照间距的同时，还可以使住宅布局富有节奏韵律。规划时可以将板式高层、塔式高层、点式高层相结合。住宅做成坡屋顶有利于住宅日照，前排建筑与后排建筑通过高低变化调整日照间距。

图49-2 坡屋顶住宅有利于日照

古人在"天人合一"的路上追求"形而上"的东西，譬如按照卦象布局、象天法地，这些做法是出于"君权神授"的思想，往往得不偿失。在古代天人合一的服务对象是社会统治阶层的少数人，皇城的规划要效仿宇宙，宫殿的布局要天地交泰。随着时代的发展，天人合一的终结是以人为本，以人为本的含义有三层：首先，是要满足人的需求而不是追求神的旨意；其次，是为了满足社会大多数人的需求而不是个别人；最后，要随着社会的进步不断发展。

在这个住宅区内有丘陵及湖面，风水上认为明堂聚水是块福泽之地。在规划布局时，建筑随山势和水势布局规划，依山的建筑，随山势等高线形成层次，高低错落有致；靠近水边的建筑，以水岸形成的自然弧线形成组团。整个建筑和景观的定位，追求以"人"为中心，以"人的感受"为着眼点。住宅区引入潺潺水流滋养灵性，与水景相伴调理心气，营造出人与自然和谐共生的家园。整个社区分为十个大的组团，从空中鸟瞰组团与组团之间相互呼应，进入到每一个组团，建筑又形成了围合的空间，使业主生活其间形成归属感，并对环境产生认同。家园不仅是遮风避雨，更能修身养性、宁静志远。

第50讲 以人为本——天人合一的终结

图 50-1 和谐有序的住宅区开发

第六篇

景观设计与园林建筑

51. "蓬莱、瀛洲、方丈"——"一水三山"中的道教痕迹。

52. 圆明园是清朝大型皇家园林，采用九宫八卦的风水布局，成为风水艺术的翘楚。

53. 亭台楼阁在传统园林中比比皆是，在成都青羊宫有一座道教标志建筑——八卦亭。

54. 老子说"曲则直"，道出了人生不是坦途的真谛，由此产生了曲水流觞的园林景观。

55. 庄子的逍遥游思想使中国园林体现出一种归隐的心态，拙政园名字的由来意味深长。

56. 意境美即老子所云："道之为物，惟恍惟惚"，中国园林最根本、最核心的是意境美。

57. 龙虎山、齐云山、武当山、青城山合称道教四大名山，爬山让人的精神境界得以升华。

58. 古典园林的"叠山理水"与堪舆学"培龙补砂"共同构成了风水美学思想。

59. 老子"有与无"的思想影响了中国园林的空间意识，是中国传统建筑最为重要的特色。

60. 园林构景手法多种多样，但万变不离其宗，"道生之，势成之"，道者，造化之根。

图51-1 北海公园

第51讲 一池三山——园林中的道教痕迹

　　"一池三山"的布局源自中国古代道家追求长生的愿望，传说东海之上有"蓬莱、瀛洲、方丈"三座仙山，三座仙山上有长生不老药，那些梦想万寿无疆的皇帝们便竭力寻找，他们希望来到这里实现长生不老的愿望。秦始皇曾派徐福率领五百童男童女东渡寻找蓬莱仙境不得，后世的皇帝们遂按照传说中的"瑶池三仙山"来建造皇家宫苑以求梦想成真。中国园林造景中，随处可见"一水三山"的文化痕迹，北海公园的布局正是仿照了传说中的瑶池仙境；在颐和园昆明湖中有三座岛屿，象征着蓬莱、瀛洲、方丈这三座仙山。苏州拙政园湖水中有三座亭子，也是三座仙山的化身。大明宫中有个波光粼粼的太液池，太液池中间有三座岛屿，最大的岛就命名为——蓬莱。

　　在园林中挖池堆山起源于春秋战国时期，随着《易经》、《老子》、《庄子》"三玄"并起，到了汉代逐渐形成了"一池三山"的模式。隋唐时期山水之道已经成熟，道家思想的盛行也促进了山水诗、山水画的兴盛。"山池"成为园林技法的专用名词，出现了用太湖石堆假山，达到了法于自然又高于自然的境界。"师其形，写其意"，文人墨客在叠山理水之间吟风啸雪，让原本虚无缥缈的仙境充满了诗情画意。

对仙境的追求不是道家所独有，在释家也有须弥仙境之说，极乐世界是佛教信徒心中向往的地方。在极乐世界中，宝座四边的台阶由金、银、琉璃做成，上有楼阁亦以金、银、琉璃、玻璃、赤珠、玛瑙装饰。四周有七重栏楯、七重罗网、七重行树，重叠围绕，又有七宝池，八功德水充满其中，池中莲花大如车轮，池底以纯金沙布地。神仙菩萨云集，各个慈眉善目；众生汇聚于此，人人智慧高明；只有诸乐，没有痛苦，白鹤、孔雀、鹦鹉莺歌燕舞。向往极乐世界就要像经书上所言，爱惜众生，利人利己，功德无量，到达彼岸。

北京北海公园有一个小西天景区，始建于乾隆三十三年，是清乾隆皇帝为母亲孝圣皇太后祝寿而建的。主体建筑为极乐世界殿，大殿四面环水是中国最大的方亭式建筑。内部有极乐世界的场景。大殿内有一座须弥山象征须弥仙境，四座角亭代表四大部洲。须弥山上彩云缭绕，峰峦叠翠，流水潺潺，山上有9座亭子、6座宝塔、262尊佛像和36只佛鸟，另外山上还有花卉、瑶草和花果树等。佛教中的须弥山和道教中的"一池三山"都是人间仙境的表现形式，受到转世轮回的影响，释家的须弥仙境比道家的"一池三山"更具象。道家的求仙梦想给山水赋予更多的想象，穿凿附会了长生不老的希求，成为园林永恒的主题。

图51-2 北海公园极乐世界殿

北京西北郊自古就是一块风水宝地，流传了几千年的风水艺术，圆明园就是翘楚。圆明园规模宏伟，由圆明园、长春园和万春园组成，以水系相连成为一体，运用了各种造园技巧，被园林界认为是中国园林艺术史上的顶峰之作。清朝时一些在中国的传教士参观圆明园之后将其称作"万园之园"。圆明园文化底蕴浓厚，当年有桥180多座，20多个戏台，每一座桥、每一个戏台都有自己独立的对联。圆明园有多种地貌：岗、岭、峰、峦、岫、岩、谷、洞、峡、壁、屏、湖、河、溪、泉、瀑等。多种建筑风格协调统一：楼、堂、馆、阁、厅、斋、轩、庵、城、关、亭、塔、桥、廊等。皇家园林的设计，象征着把中华大地揽入园中，比如清朝另一处皇家园林——外八庙就是中华蒙藏疆域的缩写。

圆明园建筑根据地形巧妙布置，依照"正殿居中"的做法，将园内"正大光明"、"勤政亲贤"和"九州清宴"这三个皇帝处理朝政的地方，安排在圆明园的核心，表示大清国在四海之内、天下之中的意思。圆明园的后湖以"九州清宴"景区为中心，该景区又位于圆明园南北中轴线上。这个景区的布局源自大禹治水的历史，传说当年大禹把他治理过的地方划分为九个区域，这就是"天下九州"的来源。"九州清晏"这片园林被划分为九个区域，环湖有九座小岛众星捧

第52讲 九宫八卦——圆明园的风水布局

图52-1 圆明园内残桥

图52-2 承德外八庙风光

月般拱卫，象征华夏九州，江山一统。据清宫档案记载，圆明园以"九州清宴"景区为核心，按照"九宫八卦"的形式布局。

"九州清宴"的布局还与河图洛书有关，河图洛书是中国古代流传下来的两幅神秘图案，相传上古伏羲氏时，洛阳东北孟津县境内的黄河中浮出龙马，背负"河图"献给伏羲，伏羲依此而演成八卦，成为《周易》来源。又相传大禹时，洛阳西洛宁县洛河中浮出神龟，背驮"洛书"献给大禹。大禹依此治水成功，遂划天下为九州，又依此定九章大法治理社会。《易·系辞上》说："河出图，洛出书，圣人则之。"说的就是这两件事。

圆明园"九宫八卦"的对应关系

	方位	卦名	自然	象征	建筑布局
1	北	坎	水	柔弱	慈云普护
2	西北	乾	天	刚健	杏花春馆
3	西	兑	泽	低洼	茹古涵今
4	西南	坤	地	顺柔	长春仙馆
5	南	离	火	光明	正大光明
6	东南	巽	风	谦卑	缕月开云
7	东	震	雷	猛烈	天然画图
8	东北	艮	山	沉重	碧桐书院

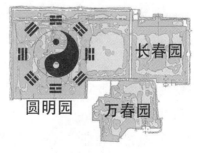

圆明园九宫八卦的布局

第53讲 群仙荟萃——道教特征的八卦亭

亭台楼阁在传统园林中比比皆是，其设计有很多讲究。中国古人认为天在上，所以宝塔的层数要配合天数，即奇数，人们常说玲珑宝塔13层。地在下面，所以建筑平面形状要合地数，即偶数，塔的平面都是偶数，以六边形的宝塔居多。之所以选用六边形的平面结构，是因为六边形非常符合力学的特征，自然界的雪花呈六角形，蜂房也是排列整齐的六角形。一个圆筒当它环向同时受压时，截面就会变成六角形。从力学角度分析，六角形由多个三角形的组合，是稳定的结构。

八卦是我国古代一套有象征意义的符号。用"—"代表阳，用"——"代表阴，用三个这样的符号为一组，排列组合成八种形式，叫作八卦。八卦的每一卦形代表一定的事物，乾代表天，坤代表地，坎代表水，离代表火，震代表雷，艮代表山，巽代表风，兑代表泽。八卦互相搭配又得到六十四卦，用来象征各种自然现象和社会现象。

体现道教特征的八卦形建筑在国内分布众多，陕西省岐山县城西北凤凰山南麓有一周公庙，庙内有一座道教标志性的建筑物——八卦亭。此亭为清朝时人们为纪念周文王和周公演八卦所建，八卦亭内绘有《周易》产生的过程，这便是"文王拘而演周易"的历史故事。八卦形的建筑体现了道家源远流长的历史与精辟的理论，现代人也在传承这种文化，新疆伊犁八卦城正在筹建一座八边形的八卦塔。

成都青羊宫内有一座八卦亭，整座建筑共有三层。台基呈四方形，象征古代天圆地方之说，四周的石板栏杆呈八角形；亭子是八边形，是木结构榫卯衔接；屋顶是两重飞檐鸱吻。莲花瓣宝顶衬托的琉璃葫芦，在阳光照耀下熠熠闪光。两重屋顶之间四周有龟纹隔门和云花漏窗，亭子正门上有太极图的浮雕。两层顶子上每层飞檐都精雕着狮、象、虎、豹，各种兽物镶嵌在雄峙的翘角上，黄绿紫三色琉璃瓦的屋面上，有八根用彩色琉璃镶砌的镂空飞龙，气势磅礴。

八卦亭还有一个神话，此亭竣工时灵光朗照、群仙荟萃，这时三清殿石柱上的盘龙复活，意欲腾云而去。此时被月御值日使者发现，用神拳固定在柱上。现在这个柱子上还留着拳头印。八卦亭内塑有老子法像，仿佛是西出函谷的模样，青牛回头西望，并有对联写道："问青牛何人骑去，有黄鹤自天飞来。"整座亭共雕有八十一条龙，象征老子八十一化，同时饱含道教"天圆、地方、阴阳相生，八卦交配成万化"的哲理象征。

图53-2 北京白云观八卦亭基座

老子说"曲则直"，这三个字道出了人生不是坦途的真谛。或许是这种人生观产生了"曲水流觞"的园林景观。曲水流觞这种游戏非常古老，古人将酒杯称为"觞"，酒令称为觞令，古代维持酒席上秩序的人称为"觞政"，"觞政"对那些不饮尽杯中酒的人实行某种处罚。《红楼梦》第40回中写道：有一次鸳鸯在酒席上当"觞政"，她说："酒令大如军令，不论尊卑唯我是主，违了我的话是要受罚的。"

"曲水流觞"是在石头上凿成曲折的沟槽，把酒杯放在水槽中流淌。酒杯随波逐流停在谁的座位前谁就要吟诗作赋，否则就罚酒认输，迄今在北京故宫、绍兴兰亭等处可见。水表示生命的源泉、五行之始，曲水流觞把水、酒、人、石、山、竹、亭、情等组成和谐的整体。"曲水流觞"的"曲"对应人生的坎坷，让这道园林景观显得更加深邃。

王羲之借曲水流觞成就《兰亭集序》；曲水流觞借王羲之名扬天下。晋代书法大家王羲之偕亲朋谢安、孙绰等42人，在兰亭修禊后举行饮酒赋诗的"曲水流觞"引为千古佳话。当时，王羲之等在举行修禊祭祀仪式后，在兰亭清溪两

第54讲 曲水流觞——暗示人生不是坦途

图54-1 绍兴流觞亭

图54-2 兰亭

旁席地而坐，将盛了酒的觞放在溪中，由上游随水徐徐而下，经过弯弯曲曲的溪流，觞在谁的面前停下，谁就即兴赋诗并饮酒。王羲之写了举世闻名的《兰亭集序》，被后人誉为"天下第一行书"，王羲之也因之被人尊为"书圣"。

《兰亭集序》首先叙述集会的时间地点，描绘兰亭周围优美的环境：山岭蜿蜒，清流映带，风和日丽，天朗气清，仰可以观宇宙之无穷，俯可以察万类之繁盛。在这里人生的烦恼不再存在，人逍遥于天地之间，感受大美的永恒。与会者畅叙幽情，尽兴尽欢。文章后部分笔锋急转变为抒情，由欣赏良辰美景、流觞畅饮而引发出乐与忧、生与死的感慨。书中写道：人生的快乐是极有限的，待快乐得到满足时，就会感觉兴味索然。往事转眼间便成为历史，荣华富贵最后灰飞烟灭。从而深入地探求生命的价值和意义，并产生了一种珍惜时间、眷恋生命的思考。

绍兴兰亭的流觞亭建于清代，亭的周围木雕漏窗，外面走廊环绕，古香古色。流觞亭内有一屏，屏风中间是一扇形"兰亭修禊图"。生动地再现了当年王羲之等人修禊雅集的情景：在惠风和畅、茂林修竹之间，有的低头沉吟，有的举杯畅饮，有的醉态毕露；或袒胸露臂，或醉意朦胧，将魏晋名士洒笑山林，旷达潇洒的神情表现得淋漓尽致。

庄子的逍遥游思想，显出消极退隐的人生态度，中国山水文化就是这种心态的表达。苏州拙政园是明代御史王献臣弃官回乡后修建而成的，他觉得官场太复杂了，就在修建园林时取晋代文学家潘岳《闲居赋》中的语句命名。"筑室种树，逍遥自得，灌园鬻蔬，以供朝夕之

第55讲 遁世归隐——逍遥思想与园林山水

图55-1 拙政园

膳，此亦拙者之为政也。"于是将此园命名为拙政园。

归隐的心态在园林中无处不见，北京植物园樱桃沟的尽头又名"退谷"，当人们沿着崎岖的溪水，欣赏了一路的美景走到路尽头时，通过自然环境的铺垫，突然看到"退谷"石刻的时候，在心中会猛然醒悟：凡事不要过分奢求，要想着给自己留有余地，不要等到山穷水尽的时候才想起回头。当苦海无边，回头却已不再是岸。自然地貌和社会心理如此贴切让人感受到园林环境与心理体验的呼应。在《红楼梦》中还提到过一个叫退谷寺的地方，门上有一副对联"身后有余忘缩手，眼前无路想回头"。

我国古典园林的发展与儒、道思想文化息息相关。受儒家思想的影响，古代文人多是坚定的理想主义者，"正心、诚意、修身、齐家、治国、平天下"是

儒家给知识分子设计的一条理想的大道。理想主义预示中国文人悲剧命运，传统文人受过系统的教育，他们作为精英受到社会极高的礼遇。但是文人特有的通病，即善于政务而不善于心计。在君权社会的政治漩涡里，常常遭政客的排挤，失意的文人纷纷隐遁山林，在山水中抚平创伤。道家的隐逸也是对世俗的不屑，通过隐逸方式来排斥"作为"的纷扰。庄子认为人要顺乎自然才能返朴，返朴才能保全性命，逍遥超脱与自然融为一体。对于中国文人来说，仕是出路、隐是退路。"采菊东篱下，悠然见南山"的情景寄托着中国文人与世无争的无奈。

山水田园是失意文人的避难所，乘坐扁舟独钓寒江雪，吟风啸月是历经宦海沉浮之后的人生轨迹。在山水之中心灵创伤得到愈合，人生境界获得升华。"滚滚长江东逝水，浪花淘尽英雄。是非成败转头空。青山依旧在，几度夕阳红。白发渔樵江渚上，惯看秋月春风。一壶浊酒喜相逢。古今多少事，都付笑谈中。""渔父"的形象被赋予一种文化内涵，成为纵情山水、超世旷达的人格象征。在这种文化背景下，中国园林具有"追求自然、天人合一"的特点，园林设计建造中所呈现的道家意识、政治意识、文学现象与造景手法相结合，从而表达了人在园林，身在江湖的心态。在这种原则下经过长期的创作，逐步形成为体现自然风景的园林风格。

图55-2 独醒亭

老子说："人法地，地法天，天法道，道法自然"。"道"作为自然主义哲学，它极富浪漫主义色彩，不拘自由、飘逸洒脱、返璞归真、淡泊高雅。反映在艺术精神上就是质朴而空灵的"仙风道骨"。中国园林最核心的是意境美，造园意境是最终追求。所谓意境，即通过有限物象来实现无限意象的空间感觉，"境生于象"就是使观者获得象外之象、景外之景，从而使景物通过情感体验升华。唐代诗人孟郊有诗云："天地入胸臆，吁嗟生风雷。文章得其微，物象由我裁。"意境美即老子所云："道之为物，惟恍惟惚。"让人在若有若无、若实若虚的恍惚之中触景生情，由"象"到"情"去悟"道"的最高境界，得到最高的精神享受。老子还说："致虚极，守静笃，吾以观复。"园林意境设计关键在于"虚"字，建筑师用这种"得虚之法"在设计中乐此不疲。

张家界国家森林公园的"百龙天梯"被人称为"世界第一户外观光电梯"。这部造价1.2亿元人民币的庞然大物垂直高度326米，游人乘坐"天梯"只需两分钟便可从山谷直达山顶，免去了攀登的辛苦。然而就是这部方便了游人的"天梯"，自立项到建成一直备受各界的质疑。肯定的声音认为修电梯是一件好事，

第56讲 惟恍惟惚——意境美是核心追求

图56-1 凤凰古镇的跳石让人产生踏浪之感

112

无论老幼能以最快的速度地到达山巅，还为旅游景区创收。但是也有不少专家认为建造电梯破坏了张家界的自然景观，有损于"意境美"。因为这里的石英砂岩峰林本身就是景观，在山上建个庞然大物，肯定会给自然景观带来不和谐影响，违背了世界自然遗产保护的原则。

张家界国家森林公园另一处景观，大家都公认创造了"意境美"。天门山玻璃栈道长60米，最高处海拔1430米，是张家界天门山景区继"鬼谷栈道"之后的又一杰作，玻璃栈道伸出山体约两米，栈道除了每隔一米左右用钢筋混凝土挑出一个支架外，面板全部是钢化玻璃。上山前，游人看见玻

图56-2 张家界天梯

璃栈道在雾中若隐若现，走上栈道，游人可以看见下面万丈深渊，战战兢兢，带来无比的刺激。晴天时，蓝天白云铺满栈道；雾天时，游人享受腾云驾雾的乐趣，天上人间的美景尽收眼底。

凤凰古镇位于湖南省西部，与贵州省铜仁地区相邻，是湘西土家族苗族自治州的县城，它紧邻沱江而建，吊脚木楼布满山坡。这里是文学大师沈从文的故乡，他曾在《边城》中描绘过它素朴而迷人的风情。凤凰古镇自然资源丰富，山、水、洞风光无限，为了方便游人体验沱江风光，当地旅游部门在江面上修建了"跳石"，游人身临"跳石"仿佛有随波踏浪之感。

第57讲 峰回路转——登名山大川启迪人生

龙虎山、齐云山、武当山、青城山合称道教四大名山。龙虎山位于江西省鹰潭市西南，景区内共有99峰、24岩、108处自然和人文景观。东汉时期，正一道创始人张陵曾在此炼丹，传说"丹成而龙虎现，山因得名"。龙虎山传说有九十九条龙在此集结，龙虎争雄，势不相让。龙虎山鼎盛时期有道观80余座，道院36座，是名副其实的"丹都"。

齐云山位于安徽黄山脚下，因其"一石插天，与云并齐"，故名齐云山。它是以丹霞地貌闻名的风景名胜区，历史上有"黄山白岳甲江南"之称，有洞天福地、真仙洞府、月华街、太素宫等景点。明朝开始道教繁盛，建有三清殿、玉虚殿、无量寿宫、文昌阁等著名道观。乾隆皇帝曾称齐云山为"天下无双胜境，江南第一名山"，至今尚存碑碣及摩崖石刻1400余处。

武当山又名太和山，位于湖北省境内，有72峰、36岩、24涧、11洞、3潭、9泉、10石、9井、10池、9台等。主峰天柱峰海拔1612米，形成独特的"七十二峰朝大顶，二十四涧水长流"的天然奇观。被誉为"自古无双胜境，天下第一仙山"。有玄岳门、玉虚宫、磨针井、琼台观、紫霄宫、金殿、五龙宫等景点。大雄宝殿在山林的烘托下显得气势非凡。

青城山位于都江堰西南，与剑门之险、峨眉之秀、夔门之雄齐名。景区周围青山四合，俨然如围城，宁静清幽又端庄典雅故名青城。自古就有"青城天下幽"的美誉，在天下名山中，青城山是最幽深、恬静的一个。相传东汉张道陵曾在此修炼，道教称此山为"第五洞天"，著名的景点有：上清宫、建福宫、天师洞、天然图画等。

建筑师梁思成先生说，人们攀登名山大川时，从山下向上遥望看见寺院掩映在群山之间，此时并不知道山上是佛家的寺院还是道家的道观。中国人的宗教观是兼容开放的，相当于是多元主义。儒、释、道，传统上称为三教，虽然三教的来源有各自的演变脉络，但都是我国先民智慧的凝聚，彼此融汇影响，研究学术史的人实难截然分划。王阳明是明代最著名的思想家、文学家和哲学家，精通儒、释、道三家思想，是中国历史上罕见的全能大家。王阳明指出：儒、释、道本来就是我们中国人的三个房间，都可以进入。在民间，攀登名山大川的香客们，时隐时现的庙宇让登山者产生了克服困难的决心。爬山进香的目的也在于启迪人们生活无坦途，仿佛逆水行舟，不进则退。山路上的摩崖石刻也有着情景交融的深刻寓意，"峰回路转"告诉人们山重水复疑无路，柳暗花明又一村。

图57-2 武当山建筑

古典园林的"叠山理水"与堪舆学"培龙补砂"共同构成了风水美学思想。堪舆家选择吉地一般要察看地理五要素："龙、砂、水、穴、向"，即"地理五诀"。每诀都有一套选择方法，分别为"觅龙"、"察砂"、"观水"、"点穴"、"择向"。

觅龙：龙是吉祥物的象征，堪舆家将山脉比喻龙，用龙代表山脉走向、起伏、转折的变化。龙分三大干龙。以昆仑山为起点，长江、黄河之间的山脉为中干龙，其余为北干龙、南干龙。每干龙按远近大小又分远祖、老祖、少祖，穴后一节称主山。

察砂：环绕风水穴的所有山体称砂，作用是捍水、挡风、聚气。风水穴后的主山称玄武砂，应向穴垂头（有坡度）基址才干燥，并向穴送气；穴前的山（案山、朝山）称朱雀砂，案山应小于朝山，更靠近风水穴；穴左的左肩、左臂称青龙砂；穴右的右肩、右臂称白虎砂；青龙、白虎抱穴藏风聚气。四座砂的作用很大，故称"四神砂"。流水去处的两岸之山称"水口砂"，应险而美，有大桥、佛祠、台塔以崇其胜和御敌。

第58讲 培龙补砂——叠山理水的堪舆表达

图58-1 在住宅区规划中体现培龙补砂的设计手法图

58-2 这个规划若是后排楼房增加高度形成围合的布局更佳

观水：吉地前必有水，水止气；水来处，称天门。天门开，财源来。流连平缓、蜿蜒屈曲为吉水，水流湍急为凶水。无山的平原，曲水处是好气场。堪舆家要尝水辨味，酸涩发馊者绝不能在此居住。

点穴：穴位概念源自西周，堪舆家称宅地为穴，相地为点穴。穴有高、低、宽、窄。要高而不危，低而不没，显而不扬，静而不幽，奇而不怪，巧而不劣。穴位理想条件是来龙源远，蜿蜒奔向吉地，主山庄重能传生气，青龙白虎环抱吉地以聚气，朝山朝揖侍奉主山下的穴位，穴地内外须有缓流的水道，无风吹进穴内。

择向：住宅要坐北朝南才好，夏可避阳光辐射，冬可避风、取暖、杀菌，远古用立竿见影法、观北斗法择之，西周开始用圭表、日晷择之，公元前3世纪战国时代用"磁石招铁"发明了罗盘。

"地理五诀"追求封闭环境，建筑的布局也要像人体的头、胸、手合抱之势，形成相对封闭的空间。南方一些地区的居民，在房屋后面人工培筑一个"衣领围子"，在上植树木或竹林，这从风水上看是为了藏风聚气，补龙砂之不足。"背山面水称人心，山有来龙昂秀发，水须围抱做环形，明堂宽大为有福，水口收藏积万金，关煞二方无障碍，光明正大旺门庭。"这个风水口诀也是现代建筑师规划的原则。

图59-1 苏州园林的长廊与漏窗

第59讲 有无相因——园林的空间观

老子说："凿户牖以为室，当其无，有室之用。"意思是说：建造房屋时在墙上必须留出门窗洞口人才能出入，空气才能流通，才能有居住的作用。"有"与"无"既是建筑的空间组合关系，也是中国哲学的一对重要范畴。"有"指具体存在的事物，"无"指无形无象的虚无。老子最先提出"无"范畴："无名，天地之始。有名，万物之母"、"天下之物生于有，有生于无。"道家思想认为"有"与"无"互相依存，"无"比"有"更为根本。

老子"有与无"的思想影响了中国园林与建筑的空间意识，这是中国传统建筑最为重要的特色。中国人常常喜欢既分又合，有边界但又不封闭的空间，人与自然从不隔绝。因此，中国建筑常常有开敞的檐廊、宽阔的月台、形形色色的栏杆、隔扇与落地花罩，以打破建筑空间的界限。表示人采天地之光、纳日月灵气，建筑里的人与自然之间有"气"流动，"念天地之悠悠，感宇宙之苍茫"。

位于扬州瘦西湖公园内的吹台，相传乾隆南巡时曾在此钓鱼，故亦称钓鱼台。亭为四方重檐斗角，濒湖三面各开圆洞门。以门借景，昔有"三星拱照"之称。为我国造园技艺中运用借景的杰出范例。此台的框景艺术为我国园林界所称道。陶然亭公园仿制的吹台，四围荷花、湖水、垂柳相伴十分秀美。明代园林学家计成在《园冶》里写道：轩楹高爽，窗户虚邻，纳千顷之汪洋，收四时之烂漫。西方教堂厚重的石墙使内外隔绝，窗户也隔绝了内外空间，渲染教堂内部的神秘的气氛，教堂窗子上镶嵌着彩色玻璃让人忘掉外面的世界。而中国传统建筑的窗户就是为收纳自然，园林建筑的审美价值就在于"纳千顷之汪洋，收四时之烂漫"，《园冶》的作者计成说，"窗户虚邻"这个"虚"字说的就是外界广大的空间。高处建阁，临水建榭，静处造馆，建筑不仅可居更是可游。

郑板桥云："十笏茅斋，一方天井，修竹数竿，石笋数尺，其地无多，其费亦无多也。而风中雨中有声，日中月中有影，诗中酒中有情，闲中梦中有伴，非唯我爱竹石，竹石亦爱我。"这是中国道家关于环境设计思想的绝佳注解，环境设计不仅要讲求物趣，还需有情趣。情趣能让人在有限的空间中体验无限的超越感。计成还提出著名的"因借论"，借者，园虽别内外，得景则无拘远近，晴峦耸秀，绀宇凌空，极目所至，俗则屏之，嘉则收之，不分町，尽为烟景，斯所谓巧而得体者也。可见中国道家环境设计思想是人和自然的有机统一。

图59-2 吹亭

道者，万变不离其宗，造化之根。造园基本法则概括为"阴阳合德之术"。德者，造化之术，道生之，势成之。中国古代匠师在运用阴阳哲学，表达园林艺术可概括为以下八种。

　　第一，有无相生。根据阴阳八卦原理，阴中生阳，阳中生阴，园林各局部之间，通过有无相生来演进发展。第二，虚实结合。虚实含义与"有无"有同理相生的一面，强调其对比成趣的构思特征，院落、廊道、穿堂、过厅等均属实虚过渡的空间。第三，隔连相随。咫尺千里，小中见大，注重空间的流动与延伸。隔中有连，连中有隔。第四，开合相应。在园林建设中不利于构景、不美之处要遮掩，关闭视觉走廊。需要借景时要"开"，相互感应以达到动平衡。第五，动静相承。"蝉噪林愈静，鸟鸣山更幽。"把动静之美一语破的。动中有静，静中有动，宁静致远，修身养性。第六，藏露相因。此贵在含蓄之美，欲露先藏、若隐若现。第七，形神相宜。通过特定的具体景物形象的表现，恰当地传达出意境设计要求的神韵风采。形神统一表现在以神制形，以形传神，神为体，形为用。第八，情景相融。中国园林多反映士大夫阶级的思想情趣，匾额题对的文化熏陶，使人触景生情，融情于景。

第60讲　合德之术——八大"道术"手法

图60-1　广州名胜景点——宝墨园紫洞舫

第七篇

公共建筑与学校建筑

61.按照五行观念，钢筋铁骨的"鸟巢"与晶莹欲滴的"水立方"形成阴阳相济的布局。

62.国家大剧院建于天安门西侧——紧邻人民大会堂，如此简单的造型引起人们的反思。

63.奇思妙想让国家大剧院成为演绎梦幻的空间，没有亲身在这里看过演出的人无法体会。

64.中国人民银行总部的建筑设计就像一只侧放的金元宝，形象贴切成为金融建筑的典范。

65.北京西客站上面的"古建大亭子"给人留下无限的联想，与悬空寺有异曲同工之处。

66.情志被压抑人体就会百病丛生，住"道家主题酒店"让生命在晨钟暮鼓的轮回中休养。

67.老子和孔子在谈"学与思"的时候，都认为不能死读书、读死书，学校更不能是象牙塔。

68.老子把"知白守黑"拓展为处世之道，"有无相生"的哲学观对艺术与建筑的影响深远。

69.五色体系为古典色彩美学思想奠定了理论基础，"中国之冠"为何使用七种不同的红色。

70.古人追求祥瑞之色，从建筑学的观点看是要符合审美法则，违反规律就会惹争端。

图61-1 晶莹欲滴的"水立方"

第61讲 五行相生——生生不息的奥运场馆

古人认为金、木、水、火、土这五种物质构成世界万物，由此引出"五行"学说。五行的属性之间还有其相生、相克的关系。五行的象征在古建中广为运用，并与《易经》、星象知识、天干地支等结合起来。文渊阁底层开间是六间，上层是一大通间，是紫禁城内极少开间为偶数的建筑。《尚书大传·五行传》指出五行与数字之间的关系："天一生水，地二生火，天三生木，地四生金。地六成水，天七成火，地八成木，天九成金，天五生土。"清代著名思想家阮元认为：因为文渊阁是藏书楼最怕火灾，"一与六的布局"暗合着"天一生水，地六成水"的寓意。文渊阁又是故宫内唯一采用黑色琉璃瓦的建筑，因为在五行中水克火，水对应的颜色是黑色，黑色琉璃瓦符合五行的讲究。紫禁城天安门至端门不栽树，因为南方属火，不宜加木，免生火灾。

奥运会后，人们用五行观念分析奥运会体育场馆认为：明

五行与天干地支对应表

五行	木	火	土	金	水
天干	甲、乙	丙、丁	戊、己	庚、辛	壬、癸
地支	寅、卯	巳、午	丑、辰、未、戌	申、酉	亥、子

清北京中轴线南起永定门北至钟鼓楼，如今延伸到奥运村，圆形的"鸟巢"、方形的"水立方"分立北京中轴线左右。"鸟巢"钢筋铁骨，阳刚之气威武雄壮；"水立方"晶莹欲滴，阴柔之美活灵活现。"鸟巢"在左，"水立方"在右；"鸟巢"圆形，"水立方"方形；反映的是阴阳相济的和谐。"水立方"建在北京的北面，以水为主题的场馆将会滋润首都。北京古称燕京，以"鸟巢"命名国家体育场，"燕归巢"的含义不言而喻。"水立方"五行属水、"鸟巢"五行属木、依照五行相生正是，水生木、木生火。

五行中的"水"相对于真实的水，更加委婉、更加隐秘。有时，过于直白的表达反而落于俗套。国家奥林匹克游泳馆招标时，有一家设计公司的创意是让水在建筑外面流动，同时在建筑的外立面上种绿色植物。设计理念来自北海公园的团城，团城在元代是北海的一个小岛，明代重修时构筑城墙，今天的团城高出地面近5米。奇特的是，团城270多米长的城墙居然没有一个泄水口，地面也没有排水明沟。团城上有百年以上的古树数十棵，无论旱涝年景都生长茂盛。原来地面地砖是倒梯形排列在一起，砖与砖之间形成三角形的缝隙，这个缝隙很容易将雨水引入地下。地面上还分布着一些渗水口，下雨时水顺着渗水口流进去，土壤里的水饱和后，雨水又渗到涵洞中储藏起来。可是，仿照团城的设计方案维护费用太高，最终被否决，这件事说明五行观念是朴素的唯物主义，要从哲学的高度去领悟。

图61-2 木材的柔与砖石的硬相结合，体现阴阳相济的哲学

《老子》说："大方无隅，大器晚成，大音希声，大象无形。"意思是："宏伟的形象没有棱角，杰出的人物反而晚熟，震撼的声音听上去未必响亮，壮美的景象并非矫揉造作。"这说明了"道"的最高境界是"道"的自然属性。庄子把自然之美归纳为"万物一体"，庄子云："天地与我并生，万物与我为一。旁日月挟宇宙，为其吻合。"这种宇宙整体论对中国古代建筑影响深远。庄子主张质朴混沌的风格，因为大自然本身是最简单的，具有至高无上的美。《庄子·知北游》中说："天地有大美而不言，四时有明法而不议，万物有成理而不说。""大美"就是把自然作为美的最高境界，终极的美必是以简化繁。这种思想奠定了传统建筑的"形神"关系，要求"以形写神、以形传神"。

古今中外，标志性建筑都是简单的、对称的几何形体，因为简单的造型更能体现永恒。古人为了突出建筑物的气势，常模拟自然界的造型，比如埃及的金字塔，就是模拟大山的形态。另一种模拟的对象是自然界的植物，植物都是对称地生长。紫禁城轴线上的建筑都是对称的造型。简单的建筑体型容易达到对称的效果，复杂的体型为了达到均衡的目的就要协调各部分体量的大小，相对复杂。

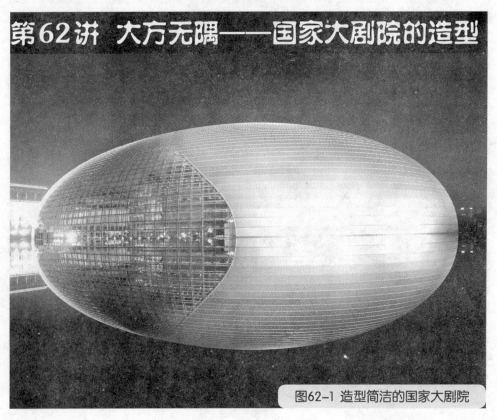

第62讲 大方无隅——国家大剧院的造型

图62-1 造型简洁的国家大剧院

图62-2 造型复杂的古脊椎动物博物馆

　　新中国十大建筑包括：人民大会堂、中国革命历史博物馆、民族文化宫、北京火车站、工人体育场、全国农业展览馆、钓鱼台国宾馆、民族饭店、华侨大厦、革命军事博物馆。这些建筑的设计风格都是"折中主义"。所谓"折中主义"就是各种风格博采众长，有中国传统的古典元素、西方古典的经典元素、古典建筑的构图法则、现代建筑的技术特长，这种风格的特点就是相对花哨。

　　国家大剧院的设计经过多次竞标，终于落下了帷幕。法国建筑师保罗·安德鲁的设计方案——"水上珍珠"最后中标，这座极富现代感和浪漫气息的建筑成为长安街上又一标志性建筑，如此简单的造型让人们反思。1958年，国家大剧院就曾被列入国庆十周年工程，周恩来总理亲自确定了建设地点，因为设计方案迟迟未决没能按期施工。几十年来一直在征求建筑专家、剧场专家、艺术家和社会各界的推荐方案。由于国家大剧院将建于天安门西侧，紧邻人民大会堂，在这政治性极强的地区，很多设计者认为人民大会堂是西洋古典式，毗邻人民大会堂的国家大剧院首先考虑近似的风格。可是在国家大剧院设计方案的最后一轮投票中，其他方案都过于花哨，最终简洁的"水上珍珠"获得胜利，再次证明"大方无隅"的老庄思想，历久弥新。

图63-1 北京电影展览馆大门

第63讲 周庄梦蝶——演绎梦醒的影剧院

庄周梦蝶的典故出自《庄子·齐物论》，原文："昔者庄周梦为胡蝶，栩栩然胡蝶也。自喻适志与！不知周也。"这是一个关于梦的传说，庄子在恍兮惚兮的梦中发现自己变成了一只蝴蝶，在天地自然间翩翩起舞、无拘无束。当庄子从梦中醒来，竟不知是自己梦见了蝴蝶，还是蝴蝶在梦里变成了自己。如梦似幻间人蝶不分，物我两忘、天人合一。两千三百年来，这个梦一直萦绕在中国文人雅士的心中，他们感悟着生命和灵魂的自由，不能忘怀宇宙中那至真至善的壮美，在茫茫天地间寻找着属于自己的那一只蝴蝶。西方文学巨匠雨果指出：艺术有两个原则——理念和梦幻，理念产生了西方艺术，梦幻产生了东方艺术。

电影院、剧场是演绎梦想的地方，无论是电影还是戏剧在开始时都有一些序曲，让观众逐渐进入角色。在影剧院的建筑设计上，也需要空间的序列形成同样的效果。北京电影展览馆门前竖起很多框架，好像一块块多米诺骨牌，一个个地排列到门口，通过这种意境引导人们进入到一个梦幻的天地，在参观者的心理上起到铺垫的作用。

国家大剧院的设计更是充满梦幻色彩，大家在户外看到的国家大剧院，其实只是大剧院的穹顶，穹顶距地面的高度为46米。而大剧院有60%的建筑在地下，地下部分最深处32米，有10层楼那么高。有些人对大剧院地下通道式的入口妄加评价，这源于古人对地下建筑心存芥蒂。先民对入地有一种不祥的感觉，对于地下工程多有恐惧的心理。古代地下工程只限于陵墓，甚至有的皇帝在陵墓修好后把工匠活埋殉葬的传说。春秋时代，郑庄公把他的母亲软禁起来，原因是他的母亲和弟弟合谋篡位。郑庄公发誓说："不到黄泉不相见！"后来他转念一想，亲人之间何必认真。但是他觉得自己是个君王，发誓说过的话不能随便收回，正在左右为难之际，有个大臣为他出了个主意，挖了个隧道让他们母子相见，双方又恢复了关系。这个地下见面的仪式，似乎已经到了阴间。

对于现代大型观演建筑来说，要有多个出口供人员在紧急疏散时使用，尤其是有多层看台、多个剧场的国家大剧院。1994年12月8日发生在新疆克拉玛依市影剧院的恶性火灾造成325人死亡，132人受伤，这个恶性事件的发生说明疏散问题是影剧院的首要问题。由于国家大剧院地下深度很深，建筑师克服重重困难，费尽周折才解决了人员的疏散问题，最终实现了演绎梦想的效果。没在国家大剧院看过演出的人无法亲身体会到这种感觉，当你从剧院里通过地下隧道走出来，看到天安门广场，梦境般的感受恍如隔世，这就是建筑师通过建筑设计让国家大剧院成为演绎梦幻的空间。

图63-2 国家大剧院下沉式入口

"善工助运"就是用奇妙的构思增加建筑的福运。中国文化的造物法则是表现生命、亲和自然、和谐美满、天人合一。古人造物往往取花鸟动物、自然山水的形态，譬如龙、凤就是典型。龙、凤的造型源自古老的图腾，曲线丰富、生动活泼、充满人情味。即便是黑白两色的太极图，也是自然天地的抽象化，太极图两极相抱，你中有我、我中有你、似静欲动、充满玄机，以最简单的结构揭示出宇宙万物的变化。

　　太极图的平面构图方法对装饰和建筑有很大影响。例如：古建筑彩画采用"一整两破"的构图方法，在彩绘旋子的图案时由一个整旋花和两个半旋花构成的一组图案。在古代陶器和青铜器上有"回"字形的装饰纹样，由方形或圆形的回环状纹样构成，故称作"回纹"。民间称为"富贵不断头"、"曲水万字"或"路路通"，寓意吉祥富贵绵长不断，前途似锦四通八达。在圆明园后湖的西北侧有一座建筑叫"万方安和"，平面布局就是卍字形，俗称万字房。该建筑建成于1727年（雍正五年），外观造型独特，主建筑位于湖中，共有33间殿宇，东西南北，室室相通。意寓四海承平、国家统一。因为这里冬暖夏凉，四季皆宜，

第64讲 善工助运——元宝造型的银行设计

图64-1 中国人民银行总部

128

图64-2 北京金融街古币造型的雕塑

雍正皇帝特别喜欢在此居住，有一年端午节乾隆皇帝和皇太后还在此欢宴。

中国人民银行总部大楼在设计之初，充分考虑到要体现民族风格，摆脱银行建筑上的殖民地烙印。所谓"银行建筑上的殖民地烙印"，源自上海外滩上云集的洋人银行。上海外滩原是黄浦江边一条纤夫行走的小道，19世纪末开始成为帝国主义在中国的租界区。建有哥特式、罗马式、巴洛克式、中西合璧式等52幢风格各异的大楼，被称为"万国建筑博览群"。百年来这里先后聚集有：美国花旗银行、泰国盘谷银行、中国通商银行、友邦保险、渣打银行、中国外汇交易中心、华夏银行、招商银行、中国银行、光大银行等几十家中外银行。外滩这些银行的建筑风格包括：新古典主义的柱廊，极富浪漫的巴洛克山花，法国式的折中主义，西班牙式的连续拱券，罗马风格的穹隆顶、意大利式的清水砖墙等。这些建筑虽然异彩纷呈，但是殖民地风格已经江河日下，被社会摒弃。

中国人民银行总部的职能是制定国家的金融政策，监管金融机构。大楼的建筑设计就像一只侧放的金元宝，按照风水理念，这种设计背后形成稳固的靠山，前面有明堂，左右有护山。用金元宝的意象作为国家银行的象征既贴切又新颖，成为金融建筑的典范。

图 65-1 山西大同悬空寺

第65讲 天上人间——北京西站古亭浮想

　　山西大同恒山悬空寺又名悬空寺，始建于1400多年前的北魏王朝后期，古代工匠根据道家"不闻鸡鸣犬吠之声"的要求悬空而建。整个寺院上载危崖，下临深谷，背岩依龛，寺门向南，是中国古代建筑的精华。在建设悬空寺之前，将巨大的木头插入山体，将挑出的部分作为地基。悬空寺发展了我国的木结构建筑风格，为木质框架式结构，梁柱上下一体，廊栏左右紧连，牢不可摧。悬空寺全寺共有殿堂阁楼40余间，始建时最高处的三教殿离地面90米，因历年河床淤积现仅剩58米。

　　悬空寺可以概括为"奇、悬、巧"三个字。奇——远望悬空寺，像一幅玲珑剔透的浮雕，镶嵌在万仞峭壁间；近看悬空寺，大有凌空欲飞之势。悬——从表面上看支撑全寺殿阁的是十几根碗口粗的木柱，其实这些木柱根本不受力。据说在悬空寺刚建成时，没有这些木桩，人们看见没有任何支撑的悬空寺，害怕走上去会掉下来，为了让人们放心才在建筑底下安置了些木柱。后人用"悬空寺，半天高，三根马尾空中吊"来形容悬空寺。登临悬空寺，攀悬梯、跨飞栈、穿石窟、钻天窗、走屋脊、步曲廊、几经周折，忽上忽下，左右回旋，犹如腾云驾雾，仿佛置身于九天宫阙。

　　早在1959年，"新北京十大建筑"之一的北京站刚刚建成，周恩来总理在审查北京市铁路规划过程中，就肯定了要在北京西面建设一座西客站的建议。但由于受到缩减建设规模的影响被取消。但是北京西站的设计构思没有间断，前后征集的方案不计其数。1993年北京西站开工兴建，1996年初竣工，是亚洲规模最大的现代化铁路客运站，直到北京南站的投入使用才被取代了亚洲第一的位置，目前仍是全国日客流量最大的火车站。车站占地50多万平方米，总建筑面积70多万平方米，设有10个站台。

　　北京西站建成后，"古建大亭子"和"巨形门洞"成为颇受争议的焦点。有人认为北京西站的"中空"设计，造成了一定的空间浪费。而实际上这种造型是为了配合地铁预埋工程的一个手段。由于设计时考虑到北京地铁9号线将在北京西站的中轴线下面通过，还要在北京西站下设上下站台。为了预留空间形成中央的"巨形门洞"。为了改善两座高楼中央的视觉效果，借鉴中国传统城门楼的设计，在这个宽45米、高50米的"门洞"上面坐落了这个"古建大亭子"。每当经过这里的人们从下面仰头观望都会浮想翩翩，与悬空寺的"奇、悬、巧"有异曲同工之处。

图 65-2 北京西客站

四川省青城山是道家四大名山之一，青城山四周林木环绕俨然围城，自古就有"青城天下幽"的美誉。这里有一家道家文化主题酒店——鹤翔山庄，誉为"中国道家文化第一庄"。这家酒店以老子的名句："致虚极，守静笃"为养生的根本，通过外部环境和养生文化，让人醒悟名声与身体哪个更可贵，钱财与身体哪个更重要，只有知道适可而止才能长久平安。《黄帝内经》强调"恬淡虚无，真气从之，精神内守，病安从来。"就明确提出了修养身心应保持内心平安和品德修炼。

《黄帝内经》还吸收了老子《道德经》的观点，认为人身是个小宇宙，中国古籍《说文解字》是这样解释"天"字的，一个人张着四肢是一个大字，在这个大字上加画了一横代表人的头，就是"天"字。在道家信徒的心中，风雨寒暑是天的四种情感，三百六十五日是天的骨节，春夏秋冬是天的四肢，人身小宇宙，头是天、足是地。要懂得养生之道就要明白天人合一的道理，用虚静之心来感悟天地的规律，让自己的生命归复自然的根本，只有这样才能做到身与心的和谐。

老子告诉我们只有"致虚守静"才能保持人体健康，人只有在宁静中生命

第66讲 虚极静笃——道家风格主题酒店

图 66-1 石窟风格的酒店

图 66-2 石窟艺术凝聚神仙梦想

才能回归到自己的根，所以道家讲无、讲息、讲静，这些概念都指向一个宁静的状态，在宁静中身心会得到一个和谐有序的发展，在宁静中精神会得到休息与充实，在宁静中生命会找到安顿的所在。千百年来，无穷尽的欲望诱发着人们对生命的贪念，却疏忽了一些简单的根本。老子早已说过见素抱朴，少私寡欲，这才是得道的秘诀。养生的规则就是听其自然、顺时而动，这才是养护生命的方法。欲望能摧毁人的心智，任何灾祸没有比不满足更大，任何罪过没有比贪得无厌更过分，知道满足的满足，才会得到真正的满足。

越是在乱花渐欲迷人眼的时候，面对纷繁杂乱的社会，面对纷至沓来的各种诱惑，我们越是要守住心灵的空间，找到自己人生追求的目标，找到真实的自我。老子指出：过多的美景，让人眼花缭乱；过多的音乐，让人头晕耳鸣；过多的饮食，让人没有胃口；只有节制地控制欲望，才可能修养身心，不会背负太多的负累。人的生命在于安身立命，是不能从后天的物欲追求中得到满足的。无为是什么，无为就是忘掉你思想里的那么多执着。今天生活中的人们，为工作而谋，为前途而奔，由于情志被压抑，人体就会百病丛生，所以我们要学会放下，放下身体和心灵的负累，让生命在晨钟暮鼓的轮回中休养生息，这才是真正的智慧，才是道的真理。

图 67-1 雨棚上的椭圆洞仿佛是打开了一扇探索世界的窗口

第67讲 点石成金——开启智慧的学校建筑

　　老子提出"为学日益、为道日损。"这句话包含了深刻的哲理，表明了"为学"与"为道"之间的互补关系。"为学"是不断增进我们的知识与理解，这使我们头脑中的资讯越来越丰富；"为道"是不断提升我们的智慧与素质，可以实现"点石成金"。道家重视人性的自由与解放，解放一方面是人的知识能力的解放，另一方面是人身心的解放。孔子也说过类似的话："学而不思则罔，思而不学则殆。"指出：人们如果只知道一味地学习却不去思考，就会迷惑不解；如果只知道一味地思考却不去学习，就会懈怠。无论老子、孔子都辩证地论证了"学"与"思"的相互关系，为人们指出了一条正确的学习途径，说明了"学"助"思"，"思"导"学"，"学"与"思"要结合的道理。

　　老子还说："不言之教，无为之益，天下希及之。"这句话是说，教育者要用自己日常生活中的行动默默地感化别人。在西方国家，学生生活方式的教育已经进行很长时间了，目的是通过教育让孩子学会观察世界，而不是灌输式教育。老子说："治大国，若烹小鲜。"老子的观念用于教育也非常贴切：孩子在幼小的时候不要过于管束，否则孩子就失去了本我的天性。教育要开放，目标有"三个面向"。可是为什么我们身边的中小学校大门越来越坚固，上下学还有民警、保安执勤。原因是近年来，在多个城市发生在学校门前绑架学生的事件，这使得中小学成了封闭的象牙塔。

学校的建筑设计首先要体现开放的理念，决不能出于管理的需要就把学校设计成一座座堡垒或者教堂。宗教建筑追求的是一种封闭的空间，走进教堂，幽闭的环境让人感到自身的渺小而祈求神的拯救，封闭的空间形成与神交流的氛围。建筑师在设计学校建筑时，首先做前期论证，确定对教育对象和社会环境。教育专家认为：在信息社会，教师的角色将由传授者转变成学习的促进者，学生将比以往更多地参与社会实践与相互合作，学校的班级界限也将被打破，教学环境越来越多地接近"真实的社会"。还有一些专家认为，学校应该设计成社区活动中心，应是课前、课后和周末都充满生机和活力的地方，学校要成为"教育村"。当你看到这些建筑师的设计思路时，更感到"象牙塔"的浅显与苍白。

中国古代为了倡导文化，很多城市都有文峰塔、文昌阁、魁星楼，这些建筑遵从文东武西的格局，一般建在城市的东南角。北京有一条胡同就叫文昌胡同，北京文昌胡同内有一所学校，学校大门雨棚上开了一个很大的椭圆洞。每天清晨，初升的阳光照耀着来到这里的莘莘学子，雨棚上的光线仿佛是打开了一扇探索世界的窗口，清新的设计让学生感受风雨、感受阳光。

图 67-2 把天文仪作为学校楼顶的装饰，启迪学生的心灵

白与黑本是两种色彩的名称，老子把"知白守黑"拓展为处世之道，与大智若愚有同工之妙，体现出"有无相生"的哲学观。这句名言给后世的艺术创作带来"虚实相生"的妙境，这也成为建筑设计的审美原则。艺术品如果没有虚实对比就不能称为上品，中国画的虚实之法表达"言有尽而意无穷"的意蕴，虚实互补的关系使作品更具韵味。

　　建筑立面虚与实的关系中，虚是指通透、轻盈的构成要素，如玻璃门窗、交通廊道、阳台雨棚的阴影等；实是指厚重、稳定的构成要素，如实墙、大体积构件等。建筑立面需要注意虚实的协调搭配，不同的搭配会形成建筑不同的表情，例如全是玻璃的建筑和全是实墙的建筑给人的感觉是不一样的。

　　在城市中，玻璃幕墙建筑越来越多，尽管玻璃幕墙建筑看上去轻盈亮丽，但是用这种材料做外立面让它们成为最能吸收太阳热能的建筑，玻璃能够通过太阳光的短波辐射，却不能通过室内的长波辐射。太阳光的热量进入室内以后就会产生温室效应，夏天暴晒在阳光下的"玻璃盒子"如同一个大蒸笼。研究人员曾做过一个实验，在夏季处于阳光直射的玻璃楼，5平方米的玻璃幕墙面积就需要

第68讲 知白守黑——玻璃幕墙少建为宜

图 68-1 在玻璃幕墙的局部安装铝塑板减少日照

图68-2 立面虚实结合的写字楼更显得刚劲挺拔

一匹制冷量的空调来降温，而常规建筑２０平方米的面积才需要用一匹空调来降温，玻璃幕墙耗能是普通建筑的４倍。大多数玻璃幕墙都不能开启，通风效果差，过多的玻璃幕墙建筑会加剧城市热岛效应。在冬季，玻璃幕墙保温性能差，能耗同样惊人，大楼的运行费用居高不下。

高层建筑外面的钢化玻璃成了悬在头顶的不定时飞弹。当温度变化、受到外力时钢化玻璃经常发生自爆。钢化玻璃在加工过程中，要经过600℃的高温加热，然后突然冷却。玻璃安装到位后，玻璃中的硫化镍颗粒等杂质在温度变化时会膨胀或收缩，在玻璃内部引发微裂纹，从而导致自爆。钢化玻璃制造后1—3年内自爆现象多发，之后自爆概率减小。在一些城市中，从几十米高落下的"玻璃雨"已经多次伤人，从300米高空坠落的钢化玻璃碎颗粒所产生的落地力度甚至相当于小鸟在空中撞上飞机的力度。

一些大型公共建筑物里采用了透光屋顶的设计造型，这些透明"大蒸笼"耗能同样很惊人，还有交通连廊和空中走廊也是透明玻璃。这些交通廊道里没有空调，烈日下透过玻璃的热浪加上地面大理石储热效果，温度最高可达60℃。在城市的街道，大片大片的玻璃幕墙建筑还造成光污染，干扰了驾驶员的视线。健康专家认为：人长时间待在这种建筑里会心神不宁，所以说，玻璃幕墙建筑少建为宜。

图69-1 紫禁城午门的红色象征正大光明

第69讲 五行五色——华夏民族的吉祥色彩

早在先秦时期古人就建立了"五色体系"，它包括"青、赤、黄、黑、白"，"五色"与"五行"之说密不可分。"五色体系"反映了我国先民对色彩的认知，在建筑装饰、经济文化和政治舞台上都扮演了重要的角色。上到统治阶级，下至黎民百姓，无不以它作为审美标准。"五色体系"是我国古代在色彩科学史上的一大发明，具有本民族文化内涵，为我国古典色彩美学思想奠定了理论基础。

风水四灵是我国古代人民所喜爱的吉祥物，既代表方位也表示色彩。青龙代表东方，表示青绿色；白虎代表西方，表示白色；朱雀代表南方，表示赤色；玄武代表北方，表示黑色。色彩有不同的象征意义，如：红色象征热烈；蓝色象征海洋；黄色象征温暖；白色象征纯洁；黑色象征孤独等。

古代皇帝根据节气变换服饰，立春之时穿青衣、配青玉；立夏之时穿赤衣、配赤带；立秋之时穿白衣、配白袍；立冬之时穿黑衣、戴黑冠，帝王衣制也表现出法天象地的意识。古代帝王冠冕前后各悬垂12个玉串，按朱、白、苍、黄、玄顺序排列，象征五行相生和岁月运转。中国历代皇族规定，黄袍为皇帝的专用服装，殿试题名称"高中黄榜"，赵匡胤做了皇帝民间称其"黄袍加身"，对黄色的崇尚表现出中国人对土地的尊重和眷恋，以达到"天人合一"境界。建筑色彩应用上，也完全反映"五行"思想。

皇帝居住的紫禁城广用红色，红主火、主明，符合"光明正大"的寓意。紫禁城重要标志是红墙黄瓦，黄颜色是皇帝专属的颜色。皇帝位于中央，屋顶用黄色，黄属土。古人认为黄色为中央正色，是正统的颜色也是最美的颜色。宫墙、殿柱用红色，红属火，属光明正大。太子居住的东宫屋顶用绿色，因为东属木。在中国古代，朝廷明确了不同爵位、品级的官宦宅院大门的颜色。据《清会典事例》记载，清顺治初年曾规定：亲王府均红青油饰；次一等的郡王府门柱用素油；平民百姓的门用黑饰，否则就会有"僭越"之嫌。

如今人们对色彩的研究更加科学，上海世博园里的中国馆——"中国之冠"共用七种不同的红色涂料。建筑师认为：大型建筑很忌讳用大面积的单一颜色，因为人的视觉有"补色残像"这样一个生理现象，人看久了红色眼睛会留下红色的印记。如果长时间看到大面积的红色，感觉会很不舒服，手术室医生的衣服颜色是蓝绿色，就是为了消除长时间看到手术中血肉红色的"补色残像"。在建筑的颜色选择上，南方城市的建筑以冷色调为主，北方城市的建筑以暖色调为主，公共建筑色彩可以热烈，而居住建筑要淡雅。

图69-2 南方民居的色调淡雅清新，给人凉爽的感觉

电视剧《甄嬛传》讲述的是清朝雍正年间，后宫生活和宫廷政治的故事，电视中自然围绕着紫禁城的情景展开。这部电视剧热播以后，有的游客来紫禁城参观时向工作人员询问，电视剧中主角——甄嬛住的"碎玉轩"在哪里？这个问题让工作人员哭笑不得，"碎玉轩"只不过是编剧想象出来的一个名字，怎么可能与事实一一对号入座呢。若是把宫殿命名"碎玉轩"，岂不预示着玉碎宫倾。

古人在做建筑设计时追求造型要体现"祥瑞之色"，紫禁城的角楼有九梁十八柱七十二条脊，别致的造型使人感到既端庄又华贵，这就是祥瑞之色。角楼的造型在古建中称为"抱厦"，是在一个建筑主体外围附建的模式。古代美学家认为，简单、肯定的几何形状可以引起人的美感，现代建筑大师勒·柯布西耶也强调："原始的体形是美的体形，因为它能使我们清晰地辨认。"如今在网上，有网友评出的"最丑陋的建筑"、"最雷人的建筑"。这些建筑之所以上榜，有共同的特点就是与常规的审美格格不入，与道家提倡和谐的观点背道而驰。道家思想中所谓的"道"是指天地万物的本质及其发展的规律，符合这样的建筑才是祥瑞的，这也是建筑审美的根本法则。

第70讲 创造祥瑞——"雷人"建筑惹争端

图 70-1 紫禁城角楼

第八篇

商业建筑与商城定位

71.可以把一座商厦看成是一个太极空间，商厦开门有讲究，核心原则是："甘蔗不能两头甜"。

72.如今社会建筑向多层发展，楼梯、滚梯在风水里视为"水"，有"抽水上堂"的作用。

73.风水学上称的"气"不完全等同于空气，借用气来说明，"气口"是能量交换的地方。

74.沈阳特色商业城模仿上海"大世界"的划策，怎样才能让游客在里面逛上一整天。

75.天津劝业场，如果不去逛一逛，枉到津门走一趟。经济学家指出："雨棚带动商业经济发展。"

76.在全球十大商业街中，香港铜锣湾的繁荣让人们想起老子"明道若昧，进道若退"的名言。

77.北京道教白云观是一个非常有人气的地方，为什么风水宝地也会出现的风水问题。

78.中国园林体现"模山范水"的思想，诞生了"锦绣中华"、"世界公园"等微缩景区。

79.太极拳、五禽戏、熊经鸟伸这些养生之道让道家养生会馆在城市中暗流涌动。

80.茶成为中华文化生活的重要部分，道家的首功，北京马连道茶城又称"京城茶叶第一街"。

图 71-1 大型商厦一层不可以单独开门

第71讲 太极无边——商厦大门有讲究

孔子真正读懂了《易经》，他为《易经》作传时用了一个十分准确的词来解释伏羲八卦，就是太极的"太"字。"太"字是由"大"字和"、"组成，这个点代表"小"。"太极"就是大极了就是又小极了。1882年，数学家菲立克斯·克莱因发现了后来以他的名字命名的瓶子——克莱因瓶。克莱因瓶的结构非常简单，这是一个封闭的瓶子，它的瓶颈被拉长，然后穿过了瓶壁，最后瓶颈和瓶底连在了一起，这个物体表面没有边缘。若是一个皮球，我们可以用球的外面和内面来界定空间，如果球面上没有洞，一只蚂蚁在球的外面爬，永远也无法进到球里面去。反之，若是一只蚂蚁爬在封闭的克莱因瓶上，它可以轻松地爬到克莱因瓶里面去。事实上，克莱因瓶并无里外之分。在学术领域中，克莱因瓶是指没有内部和外部之分的空间。俯瞰用玻璃吹制的克莱因瓶，好似一个八卦图，演绎了神奇的太极空间。

在社会生活中，任何商业行为都要在一定的空间内进行，在寸土寸金的大城市，场地租金往往都是经营者最大的负担。大型商厦的一层开出口还是不开出口关系到整个商厦商家的效益。根据建筑设计经验，三层以上的商厦，大厦一层的商铺不能单独对外开门，所有的顾客都要先进入商厦的大门再逛店中店。若一层商铺单独对外开门，二、三层商铺的经营就会受到影响。商厦的一层是否开口还与建筑的规模相关，如果一个商厦每层2000平方米，五层共10000平方米，这时一层绝对不能独立开口。因为当顾客进入一个封闭的空间，每层之间有滚梯相连时，客人就会轻松地徜徉在整个商厦里，这对每个楼层的每一个商户来说都有公平的交易机会；若商厦一层的商铺各自单独开门，这时商厦就失去了空间的完整性。

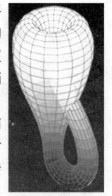

克莱因瓶

大型商厦都是封闭的，但是这种封闭是满足消防疏散的前提，违反安全疏散的要求就会酿成事故。2012年6月30日16时许，天津蓟县一家商厦发生火灾，事故是商厦一层东南角中转库房内空调电源发生短路，引燃可燃物所致。在火灾发生时，商厦一楼的卷帘门被放下，导致许多跑到一楼的人被困。一位熟悉现场的人士表示，该商厦一楼有两个大门，要用电才能拉开，后来火势大了，电源被切断门就打不开了。火灾发生后，很多围观群众试图用石头砸碎商厦的玻璃，解救里面的被困者，最终还是造成10人死亡，多人受伤的悲剧。

还一种情况，一层商户可以单独对外开门，比如一个二层的小楼。一层面积1000平方米，二层共2000平方米。这时一层商铺就可以各自开门，但是这种做法是以牺牲二层商铺利益为前提的。生活中很多人都有这种体会，一层是超市，二层是商场，逛超市的人很多，楼上特别冷清。商厦开门的讲究核心原则是："甘蔗不能两头甜"。

图71-2 住宅楼的底商要单独开门

在风水理论中，水与财有着不可割舍的关系，水就是财、财就是水。水是生命之源，在农耕社会中，水与生活息息相关，水是条小溪或小河。在现代社会里，道路对人有十分重要的作用，交通便利才能财源广进，所以风水将道路引申为水，停车场则视作建筑物前面的池塘。随着城市的发展，建筑向多层发展，楼梯、电梯也被视为"水"。这点在"皇冠大扶梯"身上表现得更是淋漓尽致，山城重庆有亚洲最长的滚梯，全长112米，高52.7米，宽1.3米，坡度30度，两个出入口分别是重庆火车站和渝中半岛，全程运行时间2分30秒，每部扶梯每小时最大运载能力为13000人次。在山城重庆，这个滚梯方便了出行、创造了财富，是人们心中是水与财的象征。

在传统的风水理论中，楼梯的位置很有讲究。不能居中，也不能正对着大门，这种理念还是出于曲径通幽的原则。现代高层建筑的电梯都在大厦的中央，也就是核心筒的位置，这是出于结构稳定的需要，人员疏散也是建筑设计的重中之重。商业建筑都会设有自动扶梯供客人上下，自动扶梯的位置决定了两个楼面的动线。如果店铺的大门正好对着自动扶梯，把客人由下到上运到门前，是大吉

第72讲 抽水上堂——拉气入穴 财源滚滚

图72-1 弧形滚梯可以多方位观察，防止与心爱的店铺失之交臂

144

图72-2 这家对着向上滚梯的商铺风水极佳

大利的格局，称为"抽水上堂"。如果商家面对着向下而去的滚梯，人流在门前乘着滚梯向下而去称为"卷帘水"，是退财的格局。

香港时代广场位于铜锣湾，整体建筑由两幢分别64层及39层的办公室大楼组成，商场共有16层，是香港最大的购物中心，里面有300多个店铺专柜。这座广场将传统百货公司融于"shopping mall"，有很多不同类型的百货、时装店铺设于同一层内，还有中西餐厅，越南菜、泰国菜、潮州菜、日本料理。此外，时代广场设有四层地库停车场，共700个泊车位。为了解决客人从停车到商场上下楼问题，商城内不仅有多部垂直电梯，更有无数滚梯纵横交错在楼层与商铺之间。香港人很讲究风水，把滚梯设计成弧形，弧形的滚梯能让顾客在搭乘的时候有广阔的视角，多方位观察各式各样的店铺，风水大师认为弧形电梯符合"喜回旋、忌直冲"的原则，倍加赞赏。据说，一部弧形滚梯的价格相当于五部直线形滚梯，在中国除了香港时代广场，上海新世界百货也能看到。

现在大城市在繁华商业地段，每平方米的月租金都在200～400元。一些两层的建筑，二层的利用率往往要比一层低得多。一些单独的商业铺面由于空间限制不适宜装滚梯，这时最好装一部小型电梯，价格不过10多万元。

图73-1 把垂花门当成大门的商铺

第73讲 变换门厅——扩大气口 利于经营

建筑的窗、门、凉台等与外部相接触的地方，风水学上称之为"气口"。气口与外界交流可以通风换气、接受阳光，是生气的来源。风水学上称的"气"不完全等同于空气，是借用气这个概念来说明"气口"是能量交换的地方。作为商业铺面房，更要研究大门的讲究。有一个老板在医院旁边开了一家水果店，他想人们到医院看望病人肯定要购买水果，可是一开始店内冷冷清清，每天都要烂掉好多，后来店主就把沿街的窗户打通改成柜台，改造之后销量猛增。商业中的"气口"就是卖场与顾客相接触的空间，商铺的气口非常重要，讲究量大财大。

大门可以说是四合院的"气口"，它不仅是人们出入的必经之所，还可以显示出户主的职业及社会地位。旧时老北京的四合院，只要一看大门的形制，即可知晓户主的"门第"。普通四合院大门可分为屋宇式与墙垣式两种，屋宇式大门级别要高于墙垣式大门。屋宇式大门依门柱的位置不同又可分为四种，即广亮门、金柱门、蛮子门、如意门。因为"门第"的不同，一些官宦人家的大门在梁柱间和顶瓦之下还装有两件分别叫作"雀替"和"三幅云"的装饰物。

如今，走在北京的街头，很多地方都能看到垂花门堂而皇之地立在街面儿。从北京的鼓楼到地安门不足六七百米的街上竟有17座垂花门。大门的地位居然被二门取而代之，让人颇有点儿匪夷所思。垂花门因其檐柱不落地，垂吊在屋檐下称为垂柱，柱头下端有一垂珠，通常彩绘为花瓣的形式，像一朵垂花。垂花门历史悠久，在宋代的《营造法式》中就曾有多处提到"虚柱"，且有"虚柱莲华蓬五层"的条目。垂花门就是老北京四合院中的二门，旧时人们常说的"大门不出，二门不迈"，指的即是垂花门。在《红楼梦》中有这样的描述：众婆子步下跟随，林黛玉扶着众婆子的手进了垂花门。垂花门的屋顶一般为卷棚式屋脊，从外面看垂花门像一座华丽的门楼，整座建筑占天不占地，美观漂亮又有避雨的实用性。

垂花门如此大受青睐，由二门变成了大门，有人认为这是对传统的一种破坏。因为四合院在北京城的历史中，不仅是居住的建筑，同时也是北京文化的一个载体。大门、二门不仅要各司其职，而且各有讲究。正是由于其富丽华贵，时过境迁，近年来垂花门做"门面"的愈来愈多，商家通过美轮美奂的装饰，扩大"气口"，利于经营。

图 73-2 水果店改造前门前冷落，将窗子打通后生意兴隆

"功盖三分国，名成八阵图。"这是杜甫描述诸葛亮八卦阵的名句，如今沈阳南市却有这样一个"八卦城"。这里的建筑按八卦方位布局，是一个将传统文化与商业零售相结合的购物天堂。开发商在7公顷范围内将原有建筑进行复古改建，按照八卦的方式布局，形成楼与楼间有通道，巷与巷间可畅通，四通八达的仿古建筑群。

八卦布局的商城

"八卦城"内将建设八大生活区，每个生活区都根据八卦命名：乾元区、艮永区、巽从区、坤厚区、坎生区、兑金区、震东区、离明区。在贯通各区之间还有八条各具特色的商业街：魅力女人街、文化长廊街、网络空间街、金融服务街、房产交易街、风味小吃街、健身娱乐街、缤纷生活街。"八卦城"集购物、餐饮、休闲、娱乐、文化为一体，回荡着古朴的民风，洋溢着现代气息，成为沈阳乃至东北地区极具特色的商业城。

第74讲 八卦迷阵——沈阳特色商业城

图74-1 上海城隍庙

图 74-2 上海大世界

　　也许有人问，在"八卦城"内迷路怎么办，这其实是规划人员的用心良苦之所在。商城的设计若是直来直去，逛商城的时候人在里面停留的时间短；若商城里像"八卦阵"，就增加了交易的机会。商家都希望顾客在商城内流连忘返，购物者也希望购物时有情趣的空间。风水学素有"旺来衰去"的讲究，就是说商店的门不可以开在一条直线上，认为这样会气散，气散则财散，气散则宅衰。《阳宅十书》说"衰之宅户，三门莫相对，必主门户退"，就是这个道理。

　　说道商城的策划，必须要提到"大世界"。上海"大世界"游乐中心至今已有90余年的历史，它始建于1917年，曾经是旧上海最吸引市民的娱乐场所，创办者黄楚九聘请高人为其出谋划策，怎样才能让游客在游乐场玩上一整天，最大限度地创造效益是游乐城规划的核心。于是他在"大世界"中心建设露天的空中环游飞船，游乐城里设有电影院、剧场、电影场、书场、商场、小吃摊、中西餐馆等，还设有许多小型戏台，大世界游乐中心由"游乐世界"、"博览世界"、"竞技世界"、"美食世界"四部分组成，给每一新建筑都起一个雅致的名称，号称"大世界十大奇景"，12面哈哈镜让游人忍俊不禁、乐此不疲。

图75-1 骑楼商业街

第75讲 知鱼之乐——天津劝业场的成功

《庄子·秋水》记载，庄子与惠施曾游于濠梁之上，庄子睹物思人，触类旁通说："儵鱼出游从容，是鱼乐也。"庄子非鱼而知鱼之乐，"鱼之乐"的故事体现了换位思考的价值观。中国人常说："予人方便、予己方便。"善于换位思考的人才是获得利益的最大赢家。在设计商业卖场时，更要从买卖双方的角度去思考，创造让人流连忘返的空间。

南方因为雨水比较多，在街道两旁有很多骑楼式建筑。这种建筑在下雨的时候能为行人遮风避雨，在骑楼下面做生意能够聚集人气。根据骑楼有藏风聚气的功能，桂林一条旅游商业街进行设计时，就采用了骑楼形式。考虑到出售旅游工艺品的业态特点，每间商业铺面开间5米，骑楼净深4米，沿街骑楼每隔5米路边就有一根柱子，在设计时考虑到商家可以在这根柱子上打招牌，就在柱子靠外一侧留了足够宽的人行道，以免让柱子影响行人的通行。事实上也是这样，利用骑楼的个性进行装修，可以让逛街的人驻足止步，起到了很好的"截财"的作用。

在北方，商家为了方便顾客购物，也有在两座建筑之间搭一个雨棚的，最著名的就是天津的劝业场。天津劝业场建于1928年，曾是天津最大的一家商场，劝业场开业时人群熙攘，轰动整个津门，这个集商业、娱乐业于一体的大商贸区，成为天津商业的象征。天津劝业场筹建时投资人聘请法籍工程师设计，建筑风格受到折中主义的影响。主体五层，转角局部七层。在商场入口处是大拱券，阳台设计有凸有凹，凸阳台牛腿支承，凹阳台两侧配以廊柱，好似南方骑楼的空间形成。最有特色的就是商场内部是中空设计，能形成自然通风采光，中间有一座过桥相连通，中空部分上面有玻璃天窗，四周部分屋顶为花园，即"天外天"游乐场。

有人说：上海有个"大世界"，天津有个"劝业场"，如果不去逛一逛，枉到津沪走一趟。劝业场这座近代优秀建筑已经成为天津的标志和象征，是津门建筑文化的代表。这种超大跨度玻璃雨棚形式的商场在当时华北地区是绝无仅有的，劝业场的形式对后来商业卖场设计有很大的影响，人们纷纷仿效这种大棚开发商城。现在有经济学家指出："雨棚正在带动商业经济发展"，这种说法并非空穴来风。事实上，如果您时常进出城市地下过街通道就会发现，在繁华都市里这个遮风避雨的地方，总有小贩出售各类商品。按照风水的观念，藏风聚气的地方能够生财，雨棚商业的实质体现了"以人为本"的精神，这就是天津劝业场的成功之道。

图 75-2 天津劝业场

老子在《道德经》中写道："明道若昧，进道若退。"意思是说："光明的道路并非没有坎坷，前进的道路并非一往无前。"当今城市学家运用老子的思想研究得出结论，城市空间的形态宜小不宜大，因为人的视域在0至100米之间，适度的视距满足人们习惯和情感的需求，城镇街道景观25米左右是和谐的空间。美国学者凯文·林奇把城市意象中形态内容归纳为五种元素——道路、边界、区域、节点和标志物，道路是城市中绝对主导元素，这导致一些人片面地认为道路越宽越好。

道路过宽就容易导致道路与街边商业氛围脱离，宽度过大是商业街的禁忌，商业街过宽就是不能"聚财、留财"。北京前门大街改造时拓宽了马路，也改变原来特色街区的商业状态。原来卖旅游工艺品和特色小吃的店铺在改造后，无法承受昂贵的租金。钱德才先生是北京"年糕钱"第三代传人，他就感觉前门大街的租金太高。现在他卖的年糕是2元/块，如果按一天38元/平方米的租金价位，他的年糕可能要提高到每块10元，老百姓还会买吗？取而代之的是麦当劳、路易·威登、阿迪达斯、苹果等国际知名品牌，这些东西哪里都有，谈不上特色。商

第76讲 明道若昧——商业街的"魂与味"

图76-1 前门大街改造以后变得冷清

业街宽窄甚至关系到一个民族的文化特色。提起全聚德、便宜坊、月盛斋这些响当当的名字，老北京人自然会联想起昔日繁华热闹的前门大街，如今无法去那里追寻儿时的记忆与梦想。前门大街的改造失去了老北京的"魂儿"，缺少了记忆中的"味儿"。

北京卢沟桥是著名历史人文遗迹，"七七事变"铭记着中华民族的悲歌。卢沟桥至今已经有500多年的历史，桥面的石板经过车轮几百年的碾压，被磨得坑洼不平，20世纪70年代，当地政府为了方便当地群众行走，在保留古桥的风貌的前提下，在桥的两侧换上一米宽的条石路面，方便自行车骑行。奥运会前，毗邻卢沟

图76-2 卢沟桥上碾压几百年的石板

桥的宛平城建设时，定制了像卢沟桥桥面一样的石板铺在商业城的大街上，当人们行走其中，每一步都能感受古街的魅力，这种聚集人气的做法让宛平城成为知名的商业城。

全球十大商业街包括：1. 东京银座。2. 纽约第五街。3. 香港铜锣湾商业街。4. 首尔明洞大街。5. 新加坡乌节路。6. 悉尼皮特街。7. 伦敦牛津街。8. 柏林库达姆大街。9. 巴黎香榭丽舍大道。10. 维也纳克恩顿大街。在这十条商业街中，香港铜锣湾商业街最有特色，这里不仅有超大型的时代广场、崇光百货，更有街头时尚小店，和其他国外商业街的街道不同，这里不是一条笔直的街道，而是大路小路阡陌纵横的商业区。铜锣湾的繁荣应该引起城市规划者的注意，城市发展不能"一刀切"。

图77-1 白云观门前香火很旺

第77讲 乘气而生——风水宝地的风水问题

风水理论认为，"气"是万物的本源。太极即气生两仪，土得之于气，水得之于气，人得之于气，世上万物都得于气。好的环境有灵气，好的房子有生气，车水马龙是导气，高速公路是界气，风水宝地是藏风聚气。一个城市的发展规划也离不开气，这种气是指特定空间形成的氛围。白云观是北京最大的道观，始建于唐代，有牌楼、山门、灵官殿、玉皇殿、老律堂、丘祖殿、四御殿、戒台与云集山房等50多座殿堂，庙宇壮丽、香烟缭绕，占地约2万平方米，是中国道教全真三大祖庭之一，绝佳的风水宝地。

北京白云观比起其他的道观是一个非常有人气的地方，每天从早到晚都有十几个看相算命的人聚集在白云观门口，还有推着三轮车的小贩兜售香烛烧纸。2005年这里就开始施工，从建筑围挡上可以看出开发商要在白云观的外围盖商业铺面房。开发前期，开发商对市场的经营定位是古玩、珠宝、金银饰品，根据经营商品的特点，开发商把卖场设计成封闭的空间。可是建成后通过招商发现，商户并不是经营古玩、珠宝，而是想沾白云观的人气，卖宗教商品和风水陈设。

这样一来，当初的设计就有些问题，设计时把临街商业作为一个整体的空间处理，而不是划分成一个个独立的单元。根据商家的要求，开发商重新改造了门庭和内部空间，把原来一个主入口改成临街开门脸的做法。

临街商铺的抽象风格也让很多打算在此买房的业主心存疑问，为什么白云观旁的铺面没有建成古香古色的呢？凭我多年的工作经验，这种事也见怪不怪，现在房地产开发，开发商把前期土地出让金等各项费用交到政府以后，城市规划部门只对容积率和控制性指标进行限定，对建筑风格是否与人文环境融合的问题没有强制性的规定。城市规划部门在这方面的工作还是空缺，最终造成了大家都不愿看到的结局。

开发商认识到要借助白云观的人气后，于是在商业铺面的销售中果断地对原来的设计进行了改造，在临街的地方开了独立的大门。也许开发商在冥冥之中得到了太乙真人的点化，成功改换了门庭，获得新生。在社会上，临街门脸是稀缺的资源，开发商只有创造适宜的商业环境，才能为租户创造生存的空间。改造以后很多商家都来租赁，风水宝地再现生机。《周易》上说：已日乃孚，革而信之。风水学讲究乘气而生，人们运用风水的目的在于改造环境为自己服务。

图 77-2 商铺改造后增加了独立出口，经营宗教用品的商家最先在此落户

在道家思想影响下，园林体现出"模山范水"的文化，园林规划中有"仰观宇宙之大，俯察品类之盛"的宇宙情怀，皇家园林更有"移天缩地入君怀"的大气。汉武帝开上林苑，将海上的"瀛洲、方丈、蓬莱"三座仙山移入宫苑。北齐武平修建仙都苑，"苑中封土为五岳，分流四渎为四海"，将五岳四海象征性地纳入园内。承德避暑山庄则以更大的手笔，排出"江山一统"的恢弘场面：山庄东南部水面模仿江南水乡，西北部山岳象征西北高原，北部大片草地象征蒙古草原，蜿蜒起伏的宫墙象征万里长城，藏汉结合的外八庙象征普天之下莫非王土，避暑山庄成为大清一统江山的缩影。

在民间，达官显贵同样采用移天缩地的造园手法。清代李渔给自家的园子命名叫"芥子园"，谓取"芥子纳须弥"之意，实则有容纳万象的天地观。移天缩地的造园思想在《诗经·大雅》中写道："王在灵囿，麀鹿攸伏……王在灵沼，於牣鱼跃。"宋代园林渐趋窄小"庭院深深深几许"，园林成了"壶中天地"。园林讲究四季有景，扬州个园用宣石、黄石、湖石、笋石叠作"四季假山"，园子里抱山楼上的匾额"壶天自春"表达出：人在院里，拥有乾坤的造园意境。

在深圳华侨城有一个"锦绣中华"微缩景区，占地30公顷，82个景点建造

第78讲 移天缩地——世界公园 一天逛世界

图78-1 世界公园泰姬陵景点

156

图 78-2 东北民俗模型

比例1:15。所有的景点均按它在中国版图上的位置摆布，全园犹如一幅巨大的中国地图。景点可以分为三大类：古建筑类、山水名胜类、民居民俗类。包括秦陵兵马俑、紫禁城、万里长城、赵州桥、古观星台、应县木塔、黄山、黄果树瀑布、黄帝陵、成吉思汗陵、明十三陵、中山陵、孔庙、天坛、泰山、长江三峡、漓江山水、西湖、苏州园林等，还有各具特色的名塔、名寺、名楼以及具有民族风情的民居。此外还有皇帝祭天、大婚、祭典的场面与民间的婚丧嫁娶风俗的再现，安置在各景点上的陶艺小人达五万多个。

1993年9月，按照"移天缩地"的思想，北京世界公园正式开放，近20年来，开发商取得了巨大的经济效益。全园总面积46公顷，园中有40多个国家100多处景观的微缩建筑，如法国巴黎圣母院、意大利台地园、印度泰姬陵、埃及金字塔、美国科罗拉多大峡谷、万里长城以及意大利式、日本式花园等，一座座按1:10比例微缩的建筑物游客目不暇接，大饱眼福。这些微缩建筑设计精细、造型逼真，置身此地仿佛真的在周游世界。景点的建筑材料尽可能仿照原物，采用铜雕、铜铸、鎏金、镀金、木雕等，工艺精湛、外观逼真，保持了原作风貌。公园的水系按照五大洲的版图、仿照四大洋的形状而设计、独具匠心。"游世界公园，一天一个世界"，让多少人的梦想在这里变为了现实。

图 79-1 紫来洞位于杭州，是"西湖七大古洞"之一

第79讲 流水不腐——养生会馆暗流涌动

一次，华佗看到一个小孩抓着门闩来回荡着玩耍，便联想起"流水不腐，户枢不蠹"的道理，于是想到人的大多疾病都是由于气血不畅和瘀寒停滞而造成的，如果人体也像"户枢"那样经常活动，让气血畅通就会增进健康，不易生病了。诗书文化中也包含了流水不腐、户枢不蠹的理念："半亩方塘一鉴开，天光云影共徘徊。问渠何得清如此，为有源头活水来。"如今养生会馆纷纷兴起，经营养生会馆要从起名到装修富有道家韵味，一家养生会馆起名"紫来洞养生保健馆"。这个名称包含了"紫气东来"的典故和"洞天福地"的传说，与道家文化十分贴切。

这位精通于道家养生的经理通过市场调查发现，私家泳池太小，游不开，对于锻炼身体的作用不大，公共泳池的卫生又难免让人担心。于是，这个经营者根据《吕氏春秋》"流水不腐，户枢不蠹"的观念，在养生会馆建造了人工水槽泳池。这种泳池最早用于游泳运动员的训练，它是一个电机驱动螺旋桨，让水在里面循环流动的环形水槽。水道式泳池长12米、宽5米、深2米，另有循环连通的水道，在水槽的进水口、出水口装有防护网，阻止人进入管道。在水槽另一侧的管道内安装螺旋桨，在电动机的驱动下让水循环流动，人仿佛在大江大河内持续游动，达到健身的目的。

养生会馆的水道泳池

道家养生动作体现了一种循环往复的概念，太极拳每一个招式都是绵绵不断，无休无止，动作柔美，变化莫测，犹如太极图，故名太极拳。如今，太极拳被列入首批国家非物质文化遗产，国家规定套路主要有：八式、十六式、二十四式、三十二式、四十二式、四十八式、八十八式。在太极拳中，柔弱胜刚强、四两拨千斤都来源于老庄哲学，被称为"国粹"。除了太极拳，道家还推崇"熊经鸟伸"和"五禽气功"这些具有民族特色的养生保健功法是通过模仿虎、鹿、熊、猿、鹤的动作，据说由东汉医学家华佗创制。这些功法动中求静、动静具备、刚柔相济，锻炼时要注意全身放松，意守丹田，呼吸均匀，动作连贯。

图 79-2 体现道家文化的雕塑，内容为道家宗师丘处机向成吉思汗介绍养生

北京马连道茶城又称"京城茶叶第一街"，这里云集着来自全国十几个省市的几百家茶商，终日熙熙攘攘，车水马龙。茶成为国人生活的重要部分是道家的首功。西汉壶居士在《食忌》中所说："苦茶，久食羽化"，"苦茶轻身换骨。"这与道教修行得道、羽化成仙的观念附会在一起，道家将茶文化与追求永恒的精神联系起来。据史料记载，在唐代道教法师叶法善让松阳茶成为贡茶。叶法善道士在修炼期间，培植出了十多株茶树，制成的茶叶取名"仙茶"，深得唐高宗至唐玄宗期间几代皇帝的赏识，被列为宫廷贡品。到了北宋，大文学家苏轼品茗时留下了脍炙人口的诗篇："道山晓出西屏山，来施点茶三味手"，"汲水煮茶气味清，一饮人疑有仙骨。"

　　茶道遵从道家天人合一的思想，把有托盘、有盖杯的茶杯称为"三才杯"。杯托为"地"，杯盖为"天"，杯子为"人"。意思是天大、地大、人更大。中国茶道特别注重"至虚极，守静笃"的境界，茶道入境称之为"坐忘"。茶道在茶事活动中，讲究一切要任其自然，动如行云流水，静如山岳磐石，笑如春花自开，言如山泉吟诉，一举手一投足任由心性，不好造作，使饮茶之人在清静、恬淡中得到升华。

第80讲　玄之又妙——茶道文化与茶城兴起

图 80-1 上海城隍庙海上第一茶楼

第九篇
办公建筑与养老建筑

81.恰当处理建筑的阴阳关系，能正确表达建筑自身的属性，行政建筑要有阳刚之美。

82.含元殿是中国历史上最宏伟的宫殿，在行政建筑中，高台阶是权力的象征。

83.每个民族都青睐自己的文化，儒家与道家的不同观念，影响行政办公建筑的风格。

84.英国的圆桌会议，美国的五角大楼与中国道韵楼都体现了平等、团结的精神。

85.风水学认为，办公室的"靠山"很重要，上到皇帝下到百姓都要有"靠山"。

86.某地一家敬老院周围有两座古塔，一开始还起名为"古塔敬老院"，为何最终倒闭。

87.古代寿屏上常描画猫与蝶，因为"耄耋老人"这个词中，耄耋的读音与猫、蝶相似。

88.清代皇帝后妃，请中医没有人参不服其药，结果都是早衰早亡，炼丹更是害人性命。

89.懂得养生的人不会追求物欲的享受，这才是道家隐居的原因，养老院要模拟自然环境。

90.养老院的设计最好不要设计成八卦形，因为出发点违反了以人为本的原则。

图 81-1 中国消防博物馆

第81讲 阴阳之道——行政建筑的阳刚之美

《易经》上讲："太极生两仪，两仪生四象，四象生八卦。"太极图包含着阴阳的概念。古人阴阳辩证的思想是从日光相背开始的，后来内涵拓展丰富，与自然、社会、历法相结合。在自然界，叶之正面为阳，叶之背面为阴；山之南为阳，山之北为阴；水之北为阳，水之南为阴。在社会上，凡是阳刚的事物属阳；凡是阴柔的事物属阴，万事万物都可以归纳为阴阳，人体也存在着阴阳辩证的关系。阴阳的关系也并非绝对，二者可以互相转化，当阳盛的时候，阴已悄悄出现；当阴盛的时候，阳已渐渐显露。从太极图就能看出这个寓意，阴阳互补、盛极而衰。

自然社会事物的阴阳属性

阳	天	圆	日	昼	刚	健	男	君	夫	大	多	上	进	动	正
阴	地	方	月	夜	柔	顺	女	臣	妻	小	少	下	退	静	负

天干地支历法的阴阳属性

阳	天干	甲	丙	戊	庚	壬	地支	子	寅	辰	午	申	戌
阴	天干	乙	丁	己	辛	癸	地支	丑	卯	巳	未	酉	亥

道家的阴阳思想深深地影响着建筑文化。在紫禁城里，以乾清门为界划分出"前朝后寝"的功能分区，前朝三大殿为阳，后朝三大殿为阴。前朝气势恢宏呈现阳刚之美，建筑的布局数量也为阳数，即奇数，如五重门、九开间、三层台阶等；内廷布局精巧表现阴柔之美，建筑的规划也多为阴数，即偶数，如东西六宫、左右十所。

中国古代的行政建筑与公共建筑，包括皇宫、皇陵、庙宇、官衙和城门等都高大雄伟，表现出阳刚特征；而民居建筑一般都朴素自然，表现出阴柔特征。从地域来说，江南民居小巧清秀；北方民居大气敦实。一个院落也有阴阳对比，建筑为阳，庭院为阴。从气候与建筑的关系分析，北方建筑的墙体有保温的需要，比较厚重，表现出阳刚之气。南方建筑有通风的需求，房间门窗较多，表现出阴柔之美。

阴阳的思想同样适用于现代建筑，建筑是由造型、材料和色彩三大要素共同构成统一的艺术整体。现代建筑平屋顶属阳，坡屋顶属阴；钢筋混凝土材料属阳，砖木材料属阴；暖色调属阳，冷色调属阴。恰当处理建筑的阴阳关系，能正确表达建筑自身的属性。行政建筑要有阳刚之气，建筑设计要刚劲挺拔，给人郑重诚信的感觉。中国消防博物馆的窗户使人联想到箭楼，古代的箭楼洞口内小外大，给人的感觉遒劲有力、坚不可摧。反之，飘窗给人玲珑轻巧的感觉，飘窗会弱化威严的气势，行政建筑不宜采用飘窗。

图 81-2 飘窗给人休闲的感觉

《老子》说："知其雄，守其雌，为天下奚。"老子提倡的"守雌"是指内敛、低调，而不是仗势欺人或狐假虎威。"守雌"者虽然自身刚强，外表却与人无争，这是古代道家提倡的一种韬光养晦的处世哲学。《史记·留侯世家》记载：秦朝末年，一天张良在一座石桥边遇到一位老人，老人的鞋子掉到了桥下，叫张良去帮他捡回来。张良觉得很惊讶，心想：你算老几呀敢让我帮你捡鞋？张良甚至想拔出拳头揍对方，但见拄杖老人白发苍苍，便克制住自己的怒气，走到桥下帮他捡回了鞋子。谁知这位老人不仅没有道谢，反而伸出脚来说："替我把鞋穿上！"张良本想发怒但转念一想，反正鞋子都捡回来了，干脆好人做到底，于是默不作声地替老人穿上了鞋。

张良的做法通过了这位老人的考验，于是老人将《太公兵法》赠予张良。张良得到这本奇书日夜研究，后来成为满腹韬略的军事家。张良为老人拾鞋、穿鞋，表现出的就是道家知雄守雌的精神，真正的强者总是善于隐藏自己的锋芒。知其雄，守其雌表现出一个智者对自身人格的完善，广义的修道是一种智慧的遵行，这样才能达到和谐的境界，这种和谐，不光是肉体的和谐，还包括心理的和

第82讲 知雄守雌——行政建筑要人性化

图 82-1 人性化的行政建筑入口

图 82-2 高台阶让建筑看起来有气势

谐，精气神的和谐。

知雄守雌的精神也影响到建筑设计的风格，在行政建筑中，高台阶是权力的象征。唐长安城含元殿是中国历史上最宏伟的宫殿，在三千多年的时间里，数以百计的皇帝修建了无数座宫殿，规模和气势都没有超过含元殿。含元殿的殿基高出地平面整整15米，为了方便官员上朝，东西两侧修建了两条坡道。由丹凤门北望，坡道宛如龙垂其尾，称之为龙尾道。唐代诗人白居易写道："双阙龙相对，千官雁一行。"巨大的建筑体现出皇权的至高无上，帝国的庄严神圣。

如今一些行政机关为了体现国家形象，建筑的门前有几十级台阶，高台阶两侧有坡道，汽车可直接驶入二层。这种高台阶的出入口其实并非真正的人流出入口，形象出口是为了体现建筑的气势，在建筑后面的一层有出入口。人们进出大楼不要爬几十级楼梯。（图82-1）这个建筑采用了折中主义，一边是体现威严的几十级楼梯，一边有一个方便人们出入的门洞，在表现气势的同时又满足了实际功能。这种设计让我们感悟着道的精神，建筑的威严与使用者之间形成和谐的氛围，由此让人联想到人与人的和谐，社会的和谐，这就是道的和谐。正如老子说的："圣人处无为之事，行不言之教，功成身退，天之道也！"

165

图 83-1 重庆人民大礼堂

第83讲 为天下先——"白宫书记"成为笑柄

老子说："我有三宝，持而保之。一曰慈，二曰俭，三曰不敢为天下先。"
道家以道法自然为本，进而提出"以道治天下"的理念，道家认为理想的统治者
应该"居无为之事，行不言之教。"采用"省刑法、寡嗜欲、敦民风"的做法。
老子还说："江海之所以能为百谷王者，以其善下之，故能为百谷王。是以圣人
欲上民，必以言下之；欲先民，必以身后之。是以圣人处上而民不重，处前而民
不害。是以天下乐推而不厌。以其不争，故天下莫能与之争。"道家认为君主应
该清静无为，达到"至治之极"的境界，道家认为行政办公建筑要简朴。

儒家的社会理想是"大道之行也，天下为公，选贤与能，讲信修睦，故人不
独亲其亲，不独子其子，使老有所终，壮有所用，幼有所长。"儒家认为社会需
要等级划分，孔子认为要以"德"和"礼"来治理国家。在儒家思想影响下构建
的政府部门办公楼，往往过于气派。

安徽省阜阳县颍泉区委书记张治安，在一次参加招商会时被一个欧洲古典主
义风格的建筑模型深深地吸引，心想以后自己也要住进这样的房子里才算气派。
前些年流行欧陆风，这种建筑使用水泥构件装饰，各种仿石构件在硅胶模具中成
形，安装到建筑主体上喷涂仿石漆。如果他为自己盖一幢别墅倒也罢了，偏偏他

把区政府大楼张冠李戴，在修建官衙选择错误造型，把区政府办公大楼设计成酷似美国"白宫"，这让张治安有了另外一个名字——"白宫书记"。最后他的落马虽然与办公大楼没有关系，但是"白宫书记"成为笑柄。

重庆市忠县黄金镇政府耗资新修的镇政府办公大楼，因酷似天安门而受到质疑。该办公大楼风格属于大殿式风格，红墙、黄色琉璃瓦、拱形门，所有屋脊之上都有巨龙盘踞，与天安门的建筑风貌十分相似。天安门在人们心中是权力的象征，新中国成立后更是中华人民共和国的象征。在老百姓的心目中都有一种"天安门情结"，这种情结是对国家的热爱，一个镇政府仿造天安门的造型，有悖于自己的身份地位。

每个民族都青睐于自己的文化，重庆市人民大礼堂是一幢东方风格的建筑，于1954年建成。人民大礼堂占地总面积为6.6万平方米，礼堂高65米，可同时容纳4200余人。建筑仿照北京天坛祈年殿的风格，碧绿色琉璃瓦屋顶，大红廊柱，白色栏杆，重檐斗拱，画栋雕梁，金碧辉煌，宏伟壮观，是重庆独具特色的标志建筑物之一。整座建筑由大礼堂和东、南、北楼四大部分组成。采用中轴对称的建筑形式，主楼两侧有配楼，后面塔楼收尾，立面比例匀称，体现恭祝"国泰民安"之意。

图 83-2 美国国会大厦

道韵楼位于广东省潮州市饶平县，建于明末清初，有着400多年的历史，是国内最大的土楼。在土楼大门正中有"道韵楼"三个大字，整座建筑呈八角形，周长328米，高11.5米，墙厚1.6米，总面积约1万平方米。土楼内的房屋层层环绕，8条巷道构成了八卦图的布局。据土楼的后裔介绍，楼内最多时曾居住600余人。在清顺治年间，道韵楼曾经被土匪包围三个月而不能攻破。土楼内有充足的储粮供居民食用，还有30口水井皆可取水饮用。这些水还可以通过土楼上面的水槽汇聚到土楼大门上面，防止外面的土匪用火烧大门，土楼四周有枪眼、炮眼，凝聚团结的建筑最终战胜了匪患。在数百年中，土楼还历经数次大地震，每次地震后普通房屋大多倒塌，而土楼却岿然不倒、矗立至今。

尽管如此，土楼这种建筑却无法实现"均好性"。在土楼内有的房间向阳，有的房间背阴，过去一个家族往往通过抓阄的方式分配住房。在安定的社会里，土楼逐渐淡出人们的视野。但是土楼居民为了核心利益，牺牲自我的精神还在传承。在欧洲，圆桌会议的精神与土楼大同小异。圆桌会议指围绕圆桌举行的会议，这种概念源自英国国王亚瑟王时代，圆桌并没有主席位置，这样的布置是为

第84讲 道韵之楼——凝聚力量的建筑

图 84-1 圆形办公楼与方形办公楼相得益彰

图 84-2 圆形的办公建筑设计

了体现："大家为了一个核心的利益聚在一起，地位平等。"英国议会大门设计成为圆形，体现的也是民主与开放的意象。

美国"五角大楼"与道韵楼的造型大同小异，从空中俯瞰美国国防部，这座建筑呈五边形，中间是个庭院。大楼共有5层，总建筑面积60多万平方米。美国五角大楼是世界上最大的行政建筑，可供2万多人同时办公。五角大楼的修建于1941年8月，当时正值第二次世界大战的战火向美国逼近，这个号称世界最大的办公建筑竣工，并按其建筑外形命名为"五角大楼"。美国人选用五边形做国防部的大楼，除了因地制宜配合地形，五边形也是一个神奇的图形，若将五边形对角线连起来是一个五角星，象征着团结与力量。

如今，政府办公大楼的设计成为颇受争议的话题，一个单位受到道韵楼的启发，让建筑师在设计办公大楼时采用圆形。这样的办公建筑便于交通，能提高效率。一般来说，市政府办公区里包括：市长室、副市长室、秘书长室、副秘书长室、各种会议室；政府办公区包括：研究室、信访局、机关事务管理局；市委办公区包括市委办公室、纪委监察局、组织部、宣传部、政法委和一些服务机构。所有这些房间，既要方便使用，还要体现上下级的关系，圆形设计体现了团结平等的精神。

图 85-1 养心殿内景

第85讲 心怀乾坤——皇帝办公室的"靠山"

　　风水学认为，办公室的"靠山"很重要。靠山是指办公室座位后面的依托，如果座位后面没有靠山，或者座位后面是窗户，在风水上称之为"座空"。谈到靠山，古代皇家极为重视。清朝自雍正皇帝开始，将寝宫从乾清宫迁到了养心殿，养心殿上方"中正仁和"匾额就是皇帝座位后面的靠山，这个词的用意是帝王提醒自己要中庸正直，仁爱和谐，激励自己做个好皇帝，成为一代明君。

　　在紫禁城交泰殿里有二十五方宝玺，"25"这个数是乾隆根据周朝绵延的代数确定的。乾隆希望自己的王朝能像周朝那样长久辉煌下去，于是从众多宝玺中挑选二十五方加以重刻，作为镇国之宝。一家礼品公司与故宫博物院合作，将这二十五宝玺印制在黄凌上，受到诸多人士的青睐。人们买回这印有二十五宝玺的黄缎，装裱在自己办公室座椅的背后，当成保佑自己的靠山。如今很多企业家都在打造自己的办公室，办公室布置既要满足现代企业管理的需要，又要符合伦理尊卑的等级要求，还要旺财有靠山。办公室不能过于闭塞，否则阴气过重让人心理压抑；办公室面积过大也不好，尤其是高层办公室过于空旷、门窗过多，易生衰气。这些办公室都不利于聚气旺财，好的"靠山"设计能激发人的潜能，心理学称之为"积极空间"。

乾隆皇帝的书房，以"三希堂"的匾额命名。三希堂位于紫禁城养心殿西暖阁，乾隆皇帝书写"三希堂"的匾额和"怀抱观古今，深心托豪素"的对联当作自己办公室的靠山。"三希"的含义是指："士希贤、贤希圣、圣希天。"即士人希望成为贤人，贤人希望成为圣人，圣人希望成为知天之人。"三希"是鼓励自己日精于勤、不懈追求。三希堂内面积仅8平方米，但是匾额的境界让人感到对"天人合一"的追求。狭长的书房用楠木雕花隔扇分成南北两间小室，在里边一间窗台上摆放纸笔墨砚等文房用具，窗台下设置一可坐可卧的高低炕，乾隆御座即设在炕的东边。

皇帝坐的龙椅是天下"第一把交椅"，紫禁城的"龙椅"设计考究，由珍稀木料制成，扶手靠背等处都雕刻有龙的图案，饰以金漆，显示皇帝的尊贵。在人们生活中，办公室里老板的座椅也很重要。在办公家具中，常常会听到"大班台、大班椅"这种词，"大班"是指办公家具中超大尺寸的桌椅，使用者一般为单位领导级别的人物。工艺品市场看到有人卖鹿角椅，把一对雄鹿鹿角劈开，然后再粘合在一起，这种椅子从风水上来说并不吉利，人们的座椅讲究四平八稳，被鹿角顶着哪会有好的结局。

图 85-2 鹿角椅

目前我国已经步入了老龄化社会，是世界上老年人口最多、增长最快的国家之一。由于我国老年人口规模巨大，"四二一"家庭结构以及养老保障体系尚不完善等多重原因，发展建设养老院是必然的趋势。与此同时，老人们对养老设施的要求也越来越高。养老院作为一种经营性的行业，场地选址及市场定位非常重要。

某地一家养老院周围有两座古塔，一开始还起名为"古塔养老院"。塔在老百姓心中既神圣又有所避讳，因为佛家在塔里存放高僧的舍利，入住这家养老院的老人觉得塔是古代高僧圆寂的地方，好像到此就行将入木。虽然这家养老院后来改了名，但是因为挨着古塔最终也没有逃过倒闭的结局。道家认为：幽静的气氛适合老年人生活、疗养，不管从养生的角度也好，从修炼的角度也好，人与外在的自然环境肯定是相互作用、相互联系的，这就是有气场。通过"古塔养老院"倒闭的事说明，养老院在满足老年人居住、医疗、娱乐等各方面要求的同时，还要符合老年人社会心理、养老文化的需求。上海有一条路原名劳勃生路，修筑于1900年，后来改名为长寿路，一些养老机构纷纷在这条路上注册，以图吉利。

第86讲 虚以致静——养老院选址及定位

图86-1 养老院要选择在风景优美的环境建造

精神状态对养生长寿有很大的影响，养生专家得出结论：不敢长寿就是不敢生活。在一些老年人身上有一个共性，不敢妄想成为百岁寿星，忧虑自己时日不多。对这些人来说，不敢长寿哪还谈得上养生，这种思想有悖于养生之道。唐代孙思邈百岁时还著书立说，写下不朽的医典《千金翼方》；宋朝名医谭

图 86-2 人们纷纷在"上海长寿路"上注册养老院

仁显"年高而精神愈壮"，108岁才逝，"莫道桑榆晚，为霞尚满天"。不敢长寿与不敢生活是同义词，一个人如果精神衰退实为养生之大忌。

养老院的选址应在市郊，距市内一小时左右车程。周围有河流、湖泊、山地、树林，最好还有温泉，空气清新，环境怡人。内部有果园、鱼池、花圃、菜地、养殖场、运动场，可供老人休闲、健身、劳动。在设施建设上，住房应以单元式公寓套房为主，有卧室、起居室、小厨房、卫生间，配备家具、彩电、冰箱、空调、电话等设备，使之具有家庭气氛；卫生间及过道、走廊均安装扶手，床头安装紧急呼救装置。公寓楼设活动室、娱乐室、健身房、洗衣房、阅览室、会客室等，并设医务室、监护室及相应的医疗仪器，另设招待客房。公寓配备专职的服务队伍，经过培训的服务人员负责打扫卫生、保护环境、维修设备，并提供老人需要的各种服务。公寓定期为入住老人进行体检，医护人员24小时关注老人身体状况，随时诊治，必要时及时送往专门医院。养老院的收费要充分考虑当时中上收入水平家庭的支付能力，不可太高。

图 87-1 养老院园林装饰

第87讲 松柏龟鹤——养老院的景观规划

古人喜欢讲"五福",所谓五福是指:一寿、二富、三康宁、四攸好德、五考终命。五福之中以寿为先,可见人们对延年长寿的追求。在表现长寿时,古人爱用同音谐意的方法。"寿"与"兽"谐音,因此鹿、麒麟、龟、鹤、猫、蝶等象征长寿的动物多用作祝寿的代名词,并被赋予了诸多文化意蕴。传说"千年为苍鹿,又五百年为白鹿,又一千年为玄鹿",民间借助鹿长寿的传说,用比兴的手法衍生出许多美好的事物,鹿与禄谐音,蝠与福谐音,鹿与蝙蝠寓意福禄双全。人们用鹿鹤配以寿石、椿树、常春花等,寓意鹿鹤同春。在传统寿画中,鹿常与寿星为伴,以祈求长寿。

道家认为鹤为长寿之鸟,《淮南子》中记载"鹤寿千岁,以极其游。"以"鹤寿"祝人长寿。龟属于风水四灵之一,传说"龟能活上万年,龟千年生毛,寿五千年谓之神龟,寿万年谓之灵龟。"因此古人喜用龟字取名,以"龟龄"寓意长寿,古代南方有用龟支床腿以求长寿的习俗。古代寿屏上常描绘猫与蝴蝶,因为"耄耋老人"这个词中,"耄"是指70岁的老人,"耋"是指80岁的老人,耄耋的读音与猫、蝶相似,猫、蝶也成了长寿的象征。

象征长寿的植物有松、柏、椿、桃等，松柏树龄长，四季常青。在寿诞日，子女、亲友送的寿联上，常写"福如东海长流水，寿比南山不老松"等祝辞。《庄子·逍遥游》说"上古有大椿者，以八千岁为春，八千岁为秋。"后人以"椿龄"、"椿年"、"椿算"比喻高寿。《诗经·卫风·伯兮》："焉得谖草，言树之背。"谖草就是萱草，后来萱堂成了母亲的代称。"今朝风日好，堂前萱草花。持杯为母寿，所喜无喧哗"，诗人王冕在《偶书》中借萱草祝福母亲长寿。

"王母种桃，三千年一结子。"传说西王母种蟠桃，三千年才结一次果，东方朔曾三次去偷，此后"偷桃"成为贺寿的典故。相传纪晓岚为赵翰林母亲祝寿，当着满堂宾客脱口而出："这个婆娘不是人，"老夫人一听脸色大变，纪晓岚不慌不忙念出第二句："九天仙女下凡尘，"众人交口称赞，老夫人也转怒为喜；接着高声读出第三句："生个儿子去做贼，"满场又变得尴尬起来，纪晓岚随后吟出第四句："偷得仙桃献母亲。"大家听后轰然叫好。这些象征长寿的动植物，可以用于养老院的园林景观设计中。值得一提的是，一家养老院用二十四孝作为装饰题材，受到多数老人的反感。社会在变、养老文化也要创新。

图 87-2 乌龟象征长寿

由于社会对养老事业的关注，养老院建筑的硬件设施有了很大提高，但是建筑设计的意境还有待提高。养老院的环境要适合老年人的心理特征，无论是中式风格还是特色民居风格，养老院的建筑要体现生命的力量。这种设计理念源自道家的"外丹理论"。葛洪是东晋著名的道教学者、炼丹家、医药学家，自号抱朴子。他提出了一个外丹的理论，就是"假外物以至自身的不朽。"古人想凭借着外在的事情来坚固我们自身的肉体，外界哪些东西是能够坚固永存呢？古人想到的就是金银，这些东西本身经得起岁月变迁，即使外形变化质地也不改变。炼丹家们就设想造出一种类似金银一样的东西，人吃了以后让肉体慢慢地跟它同化了，这就是炼丹的由来。

据史书记载，孙思邈曾在唐朝宫廷中做过一段时间的御医，唐代的皇帝对长生不老有着近乎狂热的推崇。在封建王权的时代，唯一的真命天子拥有整个国家的土地、财富，甚至所有臣民的生命都是他的私有财产。可是这些皇帝们在拥有了一切之后开始变得忧心忡忡，因为即便占有天下的财富和权力也阻止不了死亡

第88讲 外丹理论——养老院的建筑意境

图 88-1 养老院无障碍设计

图 88-2 丘处机会见成吉思汗的情景

的到来。他们都在皇宫中进行过化黄金、冶丹药的活动。朝野上下服用，可是这些由重金属炼成的丹药，从来没有帮助人们实现过长生不老的企盼。孙思邈曾亲眼看见朝野人士中不少人因为服食丹药而中毒，深知丹药不是帮助人们延年益寿的良药。孙思邈曾对唐太宗说：宁食野葛不服五石，丹药的毒性太大，这种炼丹的药方应当立即销毁，不能久留。但是，以从谏如流著称的唐太宗，最终还是没能听从孙思邈的劝说，五十岁的时候因为服用丹药中毒去世。

清代皇帝后妃请中医，没有人参不服其药，结果不是早衰就是早亡。孙思邈在《孙真人养生铭》这部书中说，身心处在美好环境中才是养生的重要条件。孙思邈将葛洪的"外丹理论"升华为生存环境观念。暮年成吉思汗感到精力日衰，他闻听道教"全真七子"之一的丘处机精通"长生不老之术"，便派人请他前来。见面便向丘处机讨要长生不老药，丘处机告诉成吉思汗，没有长生不老之药，但是向他推荐了一种用沙棘为主的药方。将士吃了沙棘配制的药，果然治好了不少疑难杂症。沙棘果油中富含亚麻酸、亚油酸和不饱和脂肪酸，这是现代科学才被证实的，或许是丘处机受到"外丹理论"的影响，看到沙棘的生长环境异常艰苦却有着顽强的生命力，由此判断食用沙棘能产生健体强身的功效。

图 89-1 山洞恒温环境

第89讲 道法自然——养老院的建筑设备

道家喜欢在山洞里修身养性，因为山洞是藏风聚气的地方。鬼谷子是历史上极富神秘色彩的人物，他是春秋时期的兵家、谋略家、纵横家，孙膑、庞涓都是他的弟子，鬼谷子就在一个称之为"鬼谷"的地方修炼。道家认为在山洞里修行能使人驱除疾病、返老还童、养脑固神、增长智慧。道家养生以"收心求静"为基础，这叫做修性；以"养精固本"为归宿，这叫做养命。修性必须落实到养命之上，故此称为性命双修。道家的先驱们认为简单朴素的生活才是顺应自然，老子讲"道法自然"是回归自然。

北京周口店山顶洞是闻名世界的古人类遗址，位于房山区龙骨山上，距北京市区50公里。"北京人"是生活在距今约25万～60万年前的早期人类，他们曾在龙骨山的石灰岩洞穴里居住，留下了大量生活遗物。道教"洞天福地"的理论与先民在山洞里居住的习惯有关，北京延庆还有一个千古之谜的人文遗迹，它位于一条峡谷中，人称古崖居。当你走进古崖居，好似来到现实版的"洞天福地"。古代先民在陡峭的岩壁上开凿了一百余个岩穴，这些石室分层排布，层与层之间有石蹬和栈桥相连。古崖居内凿有门、窗、壁橱、灯台、石炕、排烟道、石灶和马槽。其中最值得称奇的是当地人称其为"官堂子"的大洞穴，它位于群穴的最高处，而且开凿得相当精巧。在宽敞的大殿内，四根雕凿成型的石柱撑起洞顶，中间一张宽大的石床，内有石桌石凳，好似水泊梁山的聚义厅。

山洞的内部环境特点在于一个"恒"字，温度、湿度、风力、光线受到外界的影响小。天然的山洞都是恒温的，常年保持在20℃左右，因为山洞四周是厚厚的山体，所以热稳定性非常好，冬暖夏凉。据报道：江西省上栗县一个村庄附近的山腰上有一个大山洞，在炎炎夏季能保持清凉，吸引了附近两千多村民进洞避暑。相比这些幸运的山民，一个在养老院居住的老人因为夜间吹空调，早上醒来诱发半身不遂，由此还引起法律的纠纷。使用空调虽然舒服却能惹病上身，尤其是老年人，轻者会引起颈僵背硬、头晕目眩，重者还会引起头痛、咳嗽、流涕等感冒的症状。空调机的噪声也会干扰神经系统，增加失眠、抑郁的症状。

一家高档养老院模拟山洞的自然环境，将金属管安装在墙壁和吊顶里，采用常规空调冷水作为冷媒，利用辐射原理与室内进行热交换，从而达到调节室温的效果。这种冷辐射空调没有普通空调的吹风感，受到老年人的推崇。冬季则采用地热采暖，从而保证室内温暖如春。

图 89-2 养老院环境

在一次招商会上，看到一个八卦形的建筑，通过介绍说明才知道是家养老院。参展单位说，把养老院设计成八卦形是为了体现道家养生的观念。将建筑的布局与意境相结合，古人在这方面有"气运图谶"之说，建筑设计追求以神守形、以形养神。但是这种理念不能走上"形而上"的极端，以人为本才是天人合一的终极追求，养老院最好不要设计成八卦形，主要原因有以下三点：

第一，八卦造型影响部分房间的日照质量。根据《养老设施建筑设计规范》规定，养老院房间每天日照时间不少于3小时。《北京市养老服务机构服务质量星级划分与评定》标准中规定：每天日照时间不少于3小时的房间数，一星级应占房间总数的45%，二星级应占房间总数的50%，五星级应占房间总数的80%。由此可以看出，单纯为了造型而牺牲日照好的房间得不偿失。第二，八卦造型影响老年人的私密性。老年人需要安静的空间，八卦造型的养老院属于通廊式建筑，比单元式干扰性大。第三，八卦形养老院各个房间均好性差。在经营过程中，大家都想住进正南正北的房间，住在偏角房间的老人排队也要住进正房，偏角房间的房价也会打折扣，影响经营效益。

第90讲　形神相悖——八卦造型 弊大于利

图90-1 养老院可以设计成民俗风情

第十篇
陵园建筑与纪念建筑

91.皇陵最讲究"前面有照、后面有靠",这才是乾隆裕陵地宫金券偏角的原因。

92.帝王陵园选址要考虑风水的原则早在上古就已经确立,清朝出现隔代安葬的奇观。

93.道教的"承负"之说,认为天道有循环,善恶有承负,中国古人"事死如事生"。

94."远人近天"是古人为了渲染天子祭天的意境,最终表达"君权神授"的思想。

95.在世界文化中,祭祀都是与神交流的地方,中国人有"天人合一"的宇宙观。

96.封禅是古代帝王在太平盛世时祭祀天地的典礼,成就了五岳独尊的泰山人文景观。

97.古代毁墓、毁塔是为了"铲王气",铲王气与泄王气的事件贯穿明朝始终。

98.中国古代建筑使用木质材料,材料本身也成为纪念建筑纪念意义的一部分。

99.中华世纪坛象征着:天行健,君子以自强不息;地势坤,君子以厚德载物。

100.道家思想成就了我国众多世界文化遗产,我们要从中传承历史,沟通未来。

图 91-1 清东陵布局示意图

图中标注：定陵、慈安、慈禧、裕陵、孝陵、孝东陵、景陵、景陵妃园寝

第91讲 依托龙脉——地宫偏角与争抢靠山

乾隆25岁登基，在位60年，是中国历史上执政时间最长、寿命最高的皇帝。乾隆在位期间文治武功，为康乾盛世做出了重要贡献，死后庙号高宗，葬于河北遵化马兰峪清东陵裕陵。乾隆的地宫挖掘以后，人们看到地宫里气势恢宏，精美的石雕让地宫内蓬荜生辉。经过考古人员测量又有了新的发现，地宫轴线与墓道轴线有15°左右的偏角，是施工的误差吗？结论是否定的。乾隆裕陵的设计施工非常精致，地宫内佛像菩萨石雕布局统一、经书文样图案优美和谐，如此精心的设计怎会出现角度的偏差，唯一的原因当然是迎合风水。

皇陵最讲究"前面有照、后面有靠、两边有抱。""前面有照"是指：陵墓前面不能一览无余，要有案山和朝山做屏障。案山就是在龙穴前低矮的山丘，风水口诀说："伸手摸着案，发财千万贯。"朝山是案山前面的山，这些山是好似皇帝临朝时，文武百官立于朝堂前。"后面有靠"是指：在墓穴背后有龙脉之山做依托。"两边有抱"是指：墓穴两边有低矮山丘做环抱之势。河北遵化马兰峪清东陵的靠山是昌瑞山，然而龙脉靠山的最佳中正位置已经被孝陵（顺治皇帝的陵墓）占了，乾隆地宫偏角是为了迎合昌瑞山，依托龙脉，这就是偏角的原因。

相传，慈禧到河北省遵化市东陵看风水时，一眼就相中了靠近昌瑞山龙脉的那块风水宝地，但慑于祖宗家法不敢开口和慈安相争。有一次，两位皇太后下棋，慈禧心生一计，装出开玩笑的样子对慈安说："姐姐，咱姊妹俩这么下棋多没意思，不如打个赌开心一下。"慈安不知是计，漫不经心地答应了，"那好，可别反悔。"慈禧补充了一句。说完二人在棋盘上杀将起来，慈禧深知事关重大全力以赴杀将起来，最后险胜慈安。下完棋慈禧说："姐姐，你将东陵的那块'万年吉壤'让给妹妹吧！"慈安一听这话顿时傻了，知道中了慈禧的诡计，无奈有约在先只得做出让步："那就依了妹妹！"慈禧的地位本来低于慈安，但是她迷信风水，用计谋让陵墓更靠近昌瑞山的龙脉，符合"后面有靠"的风水原则。

如今社会的公墓陵园都是修建在城市周边的山地上，因为山地坡陡本身没有建设开发的价值，作为陵园也算是合理利用。公墓是为城乡居民提供安葬骨灰的公共设施，分为公益性和经营性公墓。公益性公墓是为农村村民无偿提供的墓地，经营性公墓是为城镇居民有偿提供的墓地，属于第三产业。在公墓中上百个墓穴一行行一排排有序地排列着，哪个墓穴好呢？目前在经营性公墓中，在一些显眼的位置和通行方便的地段价格相对较高。这样来看公墓风水与普通坟墓的风水断法也是类似的，是以资源的稀缺为评判。

图 91-2 清东陵

相传700多年前，成吉思汗率军远征西夏途中经过鄂尔多斯高原，看到这里水草丰美，鹿群出没，陶醉之际失手将马鞭掉在了地上。部将刚要拾起马鞭却被成吉思汗制止了，并即兴吟诗一首："梅花幼鹿栖息之所，戴胜鸟儿孵化之乡，衰亡之朝复兴之地，白发吾翁安息之邦。"成吉思汗死后，人们就遵循他当年的意愿将他葬在这里。这个故事可以看出"蒙古帝国的可汗"对自己陵墓的选址并没有拘泥于汉民族"万年吉壤"的原则。

而在中原地区，帝王陵园选址要考虑风水的原则早在上古时期就已经确立。黄帝是我国原始社会末期一位伟大的部落首领，被后世人尊称为轩辕黄帝，是开创中华民族文明的祖先。传说黄帝活了118岁，死后就安葬在桥山。黄帝陵山水环抱，林木葱郁，是一处风水绝佳的位置。秦始皇陵位于陕西省临潼骊山北麓，南依骊山，北临渭水，高大的封冢与骊山浑然一体。

唐高宗李治和女皇武则天死后合葬于乾陵，关于乾陵的选址还有一段传说。在唐朝袁天罡和李淳风这两个人是当时著名的风水大师，皇帝请这两个人为皇陵选址。袁、李二人为此跑遍了关中平原，有一天，袁天罡于半夜观察天象，

第92讲 万年吉壤——帝王陵园的选址规则

图 92-1 乾陵神路

图 92-2 明孝陵神路

发现某处忽有一团紫气升起直冲北斗。于是他牢记这团紫气升起的地方，第二天来到这里作为皇陵的穴位并在地里埋了一枚铜钱作记号。李淳风也察形观势，还用罗盘确定方位，最后也将一枚银针插入地上作为标识。两个风水大师做完堪舆工作后向唐高宗李治复命，高宗便让舅舅长孙无忌前去察看再作定夺，在选址的现场不可思议的一幕出现了：当李淳风拔出的银针时，发现这枚银针正好插在袁天罡的铜钱眼中，此后梁山上这个位置就是乾陵墓穴的所在。

明孝陵在南京市东郊紫金山南麓独龙阜山峰下，是明朝开国皇帝朱元璋和皇后马氏的合葬墓。朱元璋选择在钟山之阳建造陵寝时，也是依据风水的要义。明孝陵墓穴北面山势称为"玄武低头"，墓穴南面山中有水流出汇入湖中形成"朱雀翔舞"，墓穴东边小山绵延不断形成"青龙蜿蜒"，西边的山岗好似"白虎驯伏"。明孝陵是四象俱全，尊卑昭然，这一点在古代帝王陵园也算是经典的布局。

清朝雍正皇帝觉得官员们为自己选的东陵墓地的风水不好，于是让人在现在的西陵选定了的墓地，这样却违背了子随父葬的习俗，也给他的儿子乾隆出了一个难题。如果子随父葬的话，他应该埋在西陵，而这样也就是昭示了父亲雍正违制了，如果他埋在了东陵，他的儿孙们继续埋在东陵，则雍正一个人就埋在了西陵，显得非常孤单。于是乾隆想出了一个决定，隔代安葬。这样一来埋葬在东陵的皇帝有顺治，康熙，乾隆，道光，同治；埋在西陵的有雍正，嘉庆，咸丰，光绪。

图 93-1 现代陵园规划

第93讲 天道承负——现代陵园规划设计

　　道教的"承负"之说，认为天道有循环，善恶有报应，若是祖先积德行善，则可荫及子孙。东汉张道陵创建道教之初便将积德行善的思想纳入登仙之途："积善成功，积精成神，神成仙寿。"风水学认为阴宅风水至关重要，它决定子孙后代的荣华富贵，关系到全家老幼的命运。中国古人"事死如事生"，阴宅设计在风水中与阳宅有着同等的重要性。要求"前有照、后有靠、左右有抱；左青龙、右白虎、前朱雀、后玄武。"现代人同样重视陵墓选址设计，扫墓具有联络家庭成员感情的意义。歌德说："凡是把灵魂聚集在一起就是神圣的。"现代陵园规划设计要遵循以下几点：

　　1.要有一条酝酿感情的大道。皇家陵园都有神路，神路两侧站立着石人石马，使人产生追溯祖宗开创基业的思潮。在一个陵园中，应该有一条与场地环境协调的纵深景观步行道。在这条路上应该有一个明确的景观序列，从平静逐渐到高潮。建筑师要通过建筑的语言，在平静中如临山水，眺望长河落日，唤醒对生命的体会，减少思念亲人的悲伤。

　　2.要有圣洁的水源。根据国人祭祀扫墓的特点，在景观大路的终点要有水源，供人们取水扫墓。水源的设计可以是瀑布、泉水，也可以是有雕塑的水池。

3.豪华的墓作为普通墓的节点和标识。在北京目前的陵园中，豪华墓多为草坪墓或者独立分区。在陵园中一眼望去，低档次是一排排的墓碑，等级分明反而让人们失去参观价值，个性墓碑设计创造出丰厚的陵园景观，豪华的墓地可以是普通墓群的点缀。

4.陵园要围合成一个个的空间。现在陵园的坟墓越来越多，无论是远观近看，一排排的椅子坟的确给人阴森恐怖的感觉。在地少人多的今天，死人与活人争地越演越烈，尤其是在大城市及平原城市。墓地经营者为了提高骨灰的存放量，要将整个陵区设计成几个围合的空间。封闭的空间有利于提高陵园容积率，最大化实现商业利润。

5.陵园要变公园。如果墓地满眼都是椅子坟，就不会变成公园。好的公墓一定是能让扫墓人长时间驻足停留的，就好比人们逛公园，有那种流连忘返的感觉。陵园其实比公园更耐看。我们可以把每个墓地都看成一个浓缩的人生故事，并不比谁的墓碑气派，可以比一比谁更尊天道、尽天寿。在陵园规划设计中，所有一切反映了生者对死者的寄托，建筑设计应与儒、释、道文化结合，与民间的传统风俗结合。陵园墓地应该是逝者人生最后的亮丽风景，是生者寄托思念的永恒记忆。

图 93-2 陵园要形成围合的空间

天坛、地坛、日坛、月坛是帝王祭祀的地方，据明清两朝史料记载，每年冬至那天皇帝到天坛祭天。天坛有两组主要建筑：一组是祈年殿、祈年门和皇乾殿；另一组是皇穹宇和圜丘。天坛的建筑遵循"天圆地方"的理念多呈圆形，从祈年殿的大门极目所望，一条笔直的甬道往南伸去，门廊重重，让人产生"宇宙苍茫相见稀"的感觉。天坛祈年殿的高度是38米，比紫禁城太和殿还高出3米，成为古代天帝的象征。很多游客在游览了天坛之后感到：摩天大厦比祈年殿高得多，却没有祈年殿那种高大深邃的意境。

祈年殿以宝顶为圆心，共有三层琉璃瓦，大殿坐落在三层汉白玉圆形基座上。天坛虽然突出圆的象征意义，但也纳入方的因素。祈年殿四周的围墙是四方形，把圆形的祈年殿放在一个四方的院落里象征着天圆地方。祈年殿内屋顶藻井周围有4根龙柱，象征四季、四方；大殿内有12根金柱，象征12个月；最外圈设12根檐柱，象征12个时辰；内外两圈24根柱子，象征24节气；加上核心的4根龙柱共28根柱子，暗合天上28星宿；龙柱之上8根短柱，象征八卦与八方。

第94讲 远人近天——天子祭天的意境

图94-1 祈年殿

图 94-2 天坛圜丘坛

　　圜丘就是祭坛，由三层圆形石坛叠加组成，围绕每层石坛都有晶莹洁白的汉白玉栏杆。最上层中心的石块称为太极石，以太极石圆心层层向外扩展，共计铺有九环石板，每环石块数是九的倍数。圜丘每层四面有九级台阶，坛面、台阶、栏杆构件都取九的倍数。象征九重天，体现出中国人的宇宙审美观。圜丘外围有两圈围墙，高度仅有一人多高，与紫禁城的高墙大院不可同日而语。内圈围墙高度1.76米，外圈围墙高度2.15米。低矮的围墙衬托了圜丘的崇高，虽然圜丘高度只有5.18米，但仿佛耸入云霄。当你站在太极石上抬头仰望，会感觉与天地融为一体。

　　古希腊数学家、哲学家毕达哥拉斯派就提出："一切平面图形中最美的是圆形，一切立体图形中最美的是球形。"圆在中国古代富有哲学意味，圆蕴含着宇宙万物循环往复、周而复始。天坛的设计者还从建筑的色彩上营造出祭天的意境，故宫色调是红色，天坛的色调为青绿色。青色是天的象征，人们称天是"青天、蓝天、苍天"，蓝天碧瓦构成"天人合一"的美学艺术。古人为了渲染"远人近天"的祭天氛围，通过数字、造型、色彩多方位表达，最终宣扬"君权神授"的思想。

第95讲 天地合德——天人合一的宇宙观

　　紫禁城坤宁宫东北角的一间小屋里，灶台上有三口大锅。每次祭神都要在神位前杀猪，在这里用清水煮熟再向神贡献。皇帝亲自主持，祭神后会率领王公大臣吃祭神肉，祭神的肉没有任何调料，跟皇上一起吃祭肉对于王公大臣来说虽然荣耀，却是一件苦差事，常有人偷偷在袖子里藏一点盐来渡过难关，几粒盐末显出人与神的不同"味道"。把常人放在神的位置上，会让人产生神魂颠倒的感觉。古代殿试金榜题名的人，可以享用只有皇帝才能走的御路，发榜这一天，状元、榜眼和探花三位幸运儿捧着黄榜走御道出宫，这段路一定是天下读书人梦境中最漫长的一段路。

　　皇帝陵园前面的路叫"神路"，这个名字指出了这是一条从人到神的路。明十三陵神道起于陵区门口的石牌坊，穿过大红门，迎面是一座红墙黄瓦的碑亭，碑亭四面辟门内有"神功圣德碑"。碑亭四角各有一汉白玉华表。碑亭北边神路的两侧，排列着造型生动的石像生18对，自南向北排列顺序是：雄狮、獬豸、骆驼、象、麒麟、马，均为对称而卧，其后则是恭立着的文臣、武将、勋臣。过了石像生，就到了棂星门，用石头雕刻的动物、人物给人以庄严肃穆的感觉。

在世界各国文化中，祭祀的地方都是与神交流的地方，人神空间是不一样的。人住的房间都是透亮的玻璃门窗，而寺院殿宇的门窗是由石头雕刻的，通过石头雕刻的门窗，让人感到祭祀场所的特征。在宗教建筑上，用石材雕刻装饰构件，这种建筑语言告诉人们，这里是神住的地方。欧洲教堂建筑喻示天国与人间是两个对立的世界，梵蒂冈圣彼得大教堂、巴黎圣母院和科隆大教堂气度恢弘。踏进教堂仿佛进入了幽深浩渺的苍穹，硕大的穹顶展现一个高远的仙境。窗户上镶嵌的彩绘玻璃，在阳光的映射下异彩纷呈，让人恍入天堂圣境。建筑高大的穹顶、繁复的尖塔暗示着天堂，建筑的每处细节无不表达出天国与人间两个世界的对立。

欧洲教堂常耸立于闹市中心，而中国寺庙则隐居于名山大川，名山与大刹相得益彰，深山藏古刹体现中国天人合一的宇宙观。"宇宙"一词，最早出自《庄子·齐物论》曰："旁日月，挟宇宙，为其吻合"，"天地与我并生，而万物与我为一"。古人认为"四方上下曰宇，古往今来曰宙"，祭祀时把礼乐献给天地："大乐与天地同和，大礼与天地同节。"《易·乾卦》曰："夫大人者，与天地合其德，与日月合其明"，古人把宇宙看成空间与时间的无限，"托体同山阿"正是天人合一宇宙观的体现。

图 95-2 金属铸造的灵兽赋予纪念意义

191

封禅是指中国古代帝王在太平盛世或天降祥瑞时的祭祀天地的典礼，封禅这种活动产生于原始人敬畏自然的心理。泰山因为气势磅礴，古人认为是"天下第一山"，享有"五岳之首"的称号，自古以来中国人就崇拜泰山，有"泰山安，四海安"的说法。因此皇帝到泰山祭天才算受命于天，秦始皇、汉武帝等都曾在泰山举行封禅大典。"封禅"这个词有两个含义，在泰山上筑坛祭天称之为"封"。在泰山下面的小山选择一块地方掩埋祭品叫作"禅"，合称为"封禅"。在中国政治活动中，封禅可说是最盛大也最有争议的典礼，因为这种活动纯粹是君主好大喜功而非造福于民。

　　历史上著名的封禅有：1.秦始皇统一六国后封禅泰山。2.汉武帝刘彻扫除边患后封禅泰山。3.唐高宗李治举行封禅大典，之后在泰山立"登封""降禅""朝觐"三碑。4.唐玄宗开元盛世国力昌盛，封禅泰山昭告天下。5.宋真宗赵恒封禅泰山时"天书从天而降"。6.康熙封禅泰山。7.乾隆封禅泰山。

　　传说宋真宗封禅泰山以后龙颜大悦，要在泰山下修一座天贶殿并在殿内绘制壁画。泰安县县令接旨后，很快就建好了大殿，可是壁画创作却让他费尽了

第96讲 泰山封禅——岱庙石刻 五岳独尊

图96-1 泰山古建筑

心机。县令把天下名画师都找来了，多次绘制草稿皇帝仍不满意。宋真宗下旨：十天之内再不设计好画样，就拿县令问罪。县令下令五天之内如画不出皇上满意的画稿，将被打入死牢。县令回到家中，夫人见他一脸哭丧样，便知遇上了麻烦，问清原委后说："以妾愚见，皇帝是嫌你们画得不够威风，若是将皇上封禅的场面画下来，皇上准满意。"一句话提醒了众画师，他们连夜赶制，果然赢得了皇上的欢心。由此可见，皇帝到泰山祭拜天地的行为也是在慰藉自己，不枉此生。

泰山上共有20余处古建筑群，在泰山的南麓有座岱庙，俗称"东岳庙"，是历代帝王举行封禅大典和祭祀泰山神的地方，

图96-2　泰山石刻五岳独尊

它是泰山最大、最完整的古建筑群。岱庙创建于汉代，至唐时已殿阁辉煌，其建筑风格采用宫城的式样，周环有城墙1500余米，据《重修泰岳庙记碑》所载，有殿、寝、堂、阁、门、亭、库、馆、楼、观、廊、庑800多间，城墙高筑，庙宇巍峨，宫阙重叠，气象万千。岱庙与北京故宫、山东曲阜三孔、承德避暑山庄并称中国四大古建筑群。古代文人雅士更对泰山仰慕备至，游历时纷纷留下墨迹，泰山现存碑碣石刻多达2200余处。乾隆80岁时登上泰山，在一座山崖上留下高30米，宽12米的石刻，是泰山石刻之最，后人评价这处景点好似给泰山这幅山水图画盖上了一方印章。

图 97-1 开封繁塔

第97讲 铲断龙脉——墓碑被砸 繁塔被毁

　　秦始皇被后人称作"祖龙"，汉高祖称自己是"龙种"，龙在古代是帝王比附的对象。由此，风水学就有了另一个喻义，将那些呈现帝王之相的山水称之为"龙脉"。古代"铲王气"是皇帝为了国运永昌，维护自己的地位，而去破坏"王气太盛"的风水之地。当政的皇帝为了巩固自己的政权，挖断龙脉以泄王气的事件时有发生。传说，秦始皇出巡到达金陵，被这里虎踞龙盘的气势所吸引，左右陪同的风水师看到金陵的山川地势，满怀忧虑地告诫秦始皇，此地"王气太盛。"秦始皇一声令下，命人挖断了金陵东南方向的方山，贯穿淮水，泄了金陵的王气。

　　古代毁墓也是为了"铲王气"，毁墓除了烧毁墓穴里的棺椁，还要砸碎刻有文字的石碑。从风水的角度来考虑，砸石碑的目的是"泄王气"。河南安阳县曹操墓被发现后，大家看到墓地里刻有"魏武王"的石碑被砸碎，人们分析是对曹操抱有仇恨的人毁了他的墓。历史上的统治者为了巩固自己的统治，总是要镇压前朝的残余势力，从这种角度看，毁墓者是西晋时期的人所为。因为西晋在篡夺曹魏政权时发生了激烈的冲突。从文献当中可以看到，西晋夺取政权后把曹魏的宗室全部抄家并囚禁起来。

铲王气与泄王气的事件贯穿明朝始终，朱元璋死后传位朱允炆，历史记载建文帝朱允炆继位后为了削藩"铲王气"，派人到开封毁坏了繁塔。洛阳繁塔建于宋朝，是开封八景之一。最初的繁塔高度近100米，是青砖砌筑的六角形结构，塔身镶嵌千姿百态的佛像一百多尊。今天我们看到的繁塔是被毁后的残存部分，只有30多米。燕王朱棣夺取政权后，迁都北京。北京地势西北高东南低，历来被风水学家称为理想都城。西部是太行山脉，北部是军都山，东南方是平原，忽必烈在此建元大都将近百年。朱棣为了铲除元代的王气，修建紫禁城时将中轴线与元代都城的轴线错开，将紫禁城的中轴东移，凿掉元大都中轴线上的御道盘龙石，废周桥，建景山。这样就形成了景山（靠山）——紫禁城（穴）——大台山燕墩（朝案山）的风水格局。

明朝末年，爆发了李自成领导的农民起义，明朝官员奉诏盗掘李自成的祖坟。据说因为李家这块坟地是风水宝地，致使李氏家族兴旺。李自成的祖坟被挖开后，果然出现了奇异的现象，里面的尸骨长满了黄毛，脑骨后有一个俗称"反骨"的凹洞，一条赤蛇盘踞在里面。民间称棺穴中的蛇为"地龙"，是一件很吉利的事情。后来李自成兵败，闯王官兵迷信是祖坟被挖破了风水导致失败。

图 97-2 北京天宁寺宝塔

为纪念历史事件或功绩显赫的人物，纪念性建筑是生活中的建筑精品。这类建筑多具有思想性、永久性和艺术性。古代埃及方尖碑是对太阳神的崇拜，是纪念性建筑的开端之一。广州中山纪念堂是一座宏伟壮丽的八角形宫殿式建筑，由前后左右四个裙房组成抱厦式风格，每侧裙房都是重檐歇山屋顶，衬托出中央巨大的八角形攒尖屋顶。纪念性建筑往往要求外观庄重，具有鲜明的思想内容，朴素的艺术造型，耐久的建筑材料。纪念性建筑可以分为纪念堂、陵墓、碑亭、牌坊、凯旋门、雕塑和纪念苑等。人们常说：西方的历史是由石头写成的，东方的历史是由木头写成的。中国古代建筑以木质材料为主，材料本身也成为纪念意义的一部分。

在民间，祠堂建筑工艺精湛，雕梁画栋，江南地区诸葛亮的大公堂是其中的佼佼者。这个祠堂始建于明代，门庭造型飞阁重檐，祠堂内的木柱用料考究，各种雕刻十分精美，堪称木建筑中的杰作。中庭是祠堂最精彩的部分，墙壁上绘有三顾茅庐、舌战群儒、草船借箭、白帝托孤等的故事的壁画，门两旁书写着斗大的"忠、武"二字。整座建筑古朴典雅，气势恢宏，中间四根合抱大柱，选用上

第98讲 松柏同春——纪念建筑的材料寓意

图98-1 大公堂

图98-2 广州中山纪念堂

好的松、柏、桐、椿四种木料制成，取"松柏同春"之意。

　　受到道家"紫气东来"的影响，中国人历来认为紫色为祥瑞之色，皇城命名为紫禁城，由此可见紫色的地位。紫檀木被称为"王者之木"，历来为帝王将相所珍爱。紫檀木密度较大，多产于热带、亚热带的原始森林。紫檀的生长期极其缓慢，每百年才长粗3厘米左右，八九百年乃至上千年才能成材，价格昂贵。据文献记载，元朝的宫殿建筑中有一座紫檀殿，采用航海家亦黑迷失进献的紫檀木建筑而成。元朝王士点所撰的《禁扁》一书曾专门记载了元大都各个宫殿的殿名，其内就有"紫檀殿"之名。紫檀殿的装修极为讲究，元代帝王曾在此召见高丽王世子及随从，此外，一些祈祥求瑞的活动也在紫檀殿里进行。

　　紫檀木也是我国古典家具中名贵用材之一，由紫檀木打造的家具更被视为珍品，存世于今的明清紫檀家具无一不是"材美工巧"的典范之作。清朝中期，由于紫檀木的紧缺，皇家还不时从私人手中高价收购紫檀木，清宫造办处每年都有收购紫檀木的记载。这时期逐渐形成一个不成文的规定，即不论哪一级官吏，只要见到紫檀木就悉数买下上交皇家。清中期以后，各地私商囤积的木料也全部被收买净尽。这些木料中，为装饰圆明园和紫禁城宫殿用去一大批，慈禧六十大寿过后已所剩无几。

图 99-1 中华世纪坛

第99讲 器以象制——中华世纪坛的乾坤

《易传》是一部解说《易经》的文集，上曰："圣人有以见天下之赜，而拟诸其形容，像其物宜，是故谓之象。"这是说圣人做事模拟天地造化。考古证明，先民日常生活的用器是靠模拟自然的方法制作，并通过"器以象制"这种形式来传达思想感情。在"器以象制"这个词里"象"表示仿效、模拟大自然界的事物进行艺术创作，这种技巧被美学界视为永恒的规律。现代建筑设计理论认为，建筑的形式必须满足功能的需要，我们的先人很早就认识了艺术创作中形式与功能的关系。

"象以载器，器以象制"是中国器皿造型的重要手段，从原始社会一直持续到今。如瓷器中的葫芦瓶、石榴樽；宜兴紫砂壶中的南瓜壶、竹节壶等，都是取象于自然界的植物，放大或缩小后制成。也有参照人的体型塑造器皿，并且与人体美学相比附，如宋代的梅瓶，那细细的颈、圆润的肩、丰满的身、收敛的足，分明是一个窈窕淑女的立态，充满人性之美。

为迎接21世纪、展现中华五千年的文明而建筑的北京"中华世纪坛"，它的设计是一个具有挑战性的任务。这个建筑的形象既要有纪念建筑的视觉震撼力，还要表达时间的概念。如何准确地用建筑语言表达成为建筑师思考的问题，最终建筑师用"日晷"的造型来表达这些涵义。古人在不断探索宇宙时空的过程中，已经积累并形成了一套表达空间概念、时间概念的建筑文化。因此"中华世纪坛"要延续"阴阳乾坤"、"天人合一"的概念，强调人与自然的融合，建筑竣工后，日晷的造型被人们所接受。

日 晷

　　"中华世纪坛"的建筑意象还受到天坛圜丘坛的影响。老北京曾有五坛八庙，五坛分别是，天坛，地坛，日坛，月坛，先农坛，这五坛中天坛因为有圜丘坛而最具代表性。圜丘是皇帝举行仪式的场所。"中华世纪坛"主体建筑上部直径的47m的旋转体表示为乾，下部基座表示坤。乾转动，象征：天行健，君子以自强不息；坤静止，象征：地势坤，君子以厚德载物。旋转乾坤也寓意着天地统一、宇宙轮回。二者寓动于静、寓静于动。乾的倾角让上部旋转效果更显著，20米高的指针让人联想到日晷。如今，"中华世纪坛"成为游客拍照留念的著名景观。

图 99-2 首都图书馆也采用"器以象制"的手法，建筑的屋顶像一本打开的书籍

1972年，联合国教科文组织在巴黎通过了《保护世界文化和自然遗产公约》，成立联合国科教文组织世界遗产委员会，其宗旨在合理保护和恢复全人类共同的遗产作出积极的贡献。《公约》中对"文化遗产——建筑文化"的评选规定：一处建筑群必须代表一种独特的艺术成就，在一定时期内对建筑文化的发展产生过大影响，是一种文明或文化的特殊见证，关键是要与传统思想有实质的联系。在本书中涉及到我国世界文化遗有：明清故宫，颐和园，天坛，承德避暑山庄，秦始皇陵，苏州古曲园林，武当山古建筑群，丽江古城，泰山，龙门石窟，青城山-都江堰，皖南古村落，明清皇家陵寝，北京十三陵、南京明孝陵、云冈石窟等。

　　我们从这些被评为文化遗产的建筑文化中能看出道家思想的印记，道家思想属于哲学的范畴是一种思想流派而不是宗教。上善若水、得意妄言、宁静致远、虚以至静、大器晚成、大巧若拙、见素抱朴、知雄守雌、洞天福地。道家思想奠定和形成了中华民族建筑文化的灵魂并将超越时空，呈现出永恒生命力。在追求和谐社会的环境下，道家思想是城市规划、公共建筑和房地产开发中取之不尽的源泉，我们从中传承历史，沟通未来。

第100讲　道不可言——文化遗产与道家思想

图100-1 老子图

参考文献

[1] 王弼注，楼宇烈校释.老子道德经注校释[M].北京:中华书局，2008

[2] 高秀昌，冯友兰.中国哲学史方法论[M].北京:北京大学出版社，2010

[3] 王希龙，君武.道家思想与老庄智慧[M].北京:中国商业出版社，2010

[4] [美] 凯文·林奇著.方益萍，何晓军译.城市意象[M].北京:华夏出版社，2008

[5] 周纪文.中华审美文化通史（明清卷）[M].合肥:安徽教育出版社，2006

[6] 周维权.中国古典园林史[M].北京:清华大学出版社，1990

[7] 唐大潮.中国道教简史[M].北京:宗教文化出版社，2001

[8] 侯幼彬.中国建筑美学[M].黑龙江：黑龙江科学技术出版社，1997

[9] 杨国庆，王志高.南京城墙志[M].北京:凤凰出版社，2008

[10] 潘谷西.中国建筑史[M].北京:中国建筑工业出版社，2009

[11] 葛荣晋.道家文化与现代文明[M].北京:中国人民大学出版社，1991

[12] 叶朗.中国美学史大纲[M].上海:上海人民出版社，1985

[13] 刘滨谊.现代景观规划设计[M].江苏：东南大学出版社，1999

[14] 程大锦.建筑：形式、空间和秩序[M].天津:天津大学出版社，2008

[15] 张文忠.公共建筑设计原理[M].北京:中国建筑工业出版社，2008

[16] 南怀瑾.道家、密宗与东方神秘学[M].上海:复旦大学出版社，2003

[17] 余易.风水宅典——实用建筑风水[M].北京:北京科学技术出版社，2009

[18] 余易.风水与住宅[M].北京:中国建材工业出版社，2005

[19] 吴为廉.景观与景园建筑工程规划设计[M].北京:中国建筑工业出版社，2005

[20] 陈鼓应.老庄新论[M].北京:商务印书馆，2008

[21] 王志远.道教典籍百问[M].北京:今日中国出版社，1996

[22] 张世英.天人之际——中西哲学的困惑和选择[M].北京:人民出版社，1994

[23] 熊铁基.中国老学史[M].广东：福建人民出版社，1995

[24] 胡孚琛.道学通论-道家、道教、仙学[M].北京:社会科学文献出版社，1999

后　记

　　三年前，因为想把自己做过的建筑设计项目汇编成册，经朋友介绍结识了中国建材工业出版社的侯力学老师。向侯老师说了自己的想法后，他对我说：一个人出版自己的设计成果虽然有成就感，但是影响力毕竟有限；你有《北京青年报》当记者的经历，不如写一本建筑文化方面的书籍，把人们耳熟能详的建筑与文化联系在一起。听到这个建议我当时很兴奋，但是随即又发愁无从下手，因为这些年来自己做过的城市规划和一些工民建项目只能算是"个案"；当记者期间的选题也比写书简单得多。要系统地阐述一种文化，从自己的知识储备上看还差得很多。

　　在与侯老师多次交流后，写书的脉络逐渐清晰。当今钢筋混凝土建筑已经发展到了极致，高耸入云的建筑在见证时代辉煌的同时，人们怀念的是《桃花源记》中"土地平旷，屋舍俨然，有良田、美池、桑竹之属。阡陌交通，鸡犬相闻。"的山水田园之情。人与自然和谐相生是人类的永恒追求，也是中华民族崇尚自然的最高境界。人们为了回归自然开始研究道家思想文化，也曾想把《周易》玄机应用于建筑规划，让"天人合一"的梦想得以实现。在定位"道家思想与建筑文化"以后，将书中的篇章按照建筑学的分类设计，包括：城市规划、传统民居、住宅规划、标志建筑、商业建筑、办公建筑、陵园规划等。写作的目的是通过道家思想的基本框架，认识社会中一些建筑文化现象，用国学思想构建人与自然的和谐关系。

　　通过这次出书，我在增长建筑知识的同时对著书有了更全面的认识，写作不是敝帚自珍、自我陶醉的过程。现在很多像我这样的专业技术人员，经历了十几年、几十年的专业积累以后，想总结自己的业绩整理出版，有些东西若是从专业角度看可以说高屋建瓴，但是一般读者不爱看，最后只能在专业范围内流通。这本书能够出版发行，与侯老师及本书责任编辑贺悦老师的策划和指导密不可分。让我知道无论在自然科学还是在社会科学领域，写作要写人们知道的东西，这样才能引起读者共鸣；写作还要写读者不知道的东西，这样才能让读者开卷有益。贺悦老师还帮我审核200张在网上购买的版权图片，通过创新排版设计，在读者收益的同时，也让建筑文化书籍呈现全新的面貌。

　　本书编写中宏明法师、晏菲璘、王金普、叶铮涛、程永贵、卢昱玮给予指导，生甦老师校对、朱红莉设计，在此表示诚挚的感谢。

付远

2014年　立秋